新农村

防病知识丛书

防 灾 避 险

第 2 版

主编 郑寿贵 黄礼兰

人民卫生出版社

图书在版编目（CIP）数据

防灾避险 / 郑寿贵，黄礼兰主编 . —2 版 . —北京：
人民卫生出版社，2018
（新农村防病知识丛书）
ISBN 978-7-117-26882-0

Ⅰ.①防… Ⅱ.①郑…②黄… Ⅲ.①防灾 – 基本知
识 Ⅳ.①X4-49

中国版本图书馆 CIP 数据核字（2018）第 119415 号

人卫智网	www.ipmph.com	医学教育、学术、考试、健康，
		购书智慧智能综合服务平台
人卫官网	www.pmph.com	人卫官方资讯发布平台

新农村防病知识丛书

防 灾 避 险
第 2 版

主　　编：郑寿贵　黄礼兰
出版发行：人民卫生出版社（中继线 010-59780011）
地　　址：北京市朝阳区潘家园南里 19 号
邮　　编：100021
E - mail：pmph @ pmph.com
购书热线：010-59787592　010-59787584　010-65264830
印　　刷：三河市潮河印业有限公司
经　　销：新华书店
开　　本：850×1168　1/32　印张：3
字　　数：70 千字
版　　次：2009 年 1 月第 1 版　2019 年 2 月第 2 版
　　　　　2021 年 1 月第 2 版第 5 次印刷（总第 16 次印刷）
标准书号：ISBN 978-7-117-26882-0
定　　价：16.00 元

打击盗版举报电话：010-59787491　E-mail：WQ @ pmph.com
（凡属印装质量问题请与本社市场营销中心联系退换）

主　编　郑寿贵　黄礼兰

副主编　应　杰　郑　宁　汪松波

编　委　(按姓氏笔画排序)

　　　　王翠蓉　严瑶琳　李　佳　应　杰

　　　　汪松波　郑　宁　郑寿贵　黄礼兰

　　　　潘莹莹

主　审　龚震宇

插　图　吴　超　王蔚佳

再版序

健康是群众的基本需求。十八届五中全会上,党中央提出了"推进健康中国建设"战略。可以预见,未来 5 年,我国将以保障人民的健康为中心,以大健康、大卫生、大医学的新高度发展健康产业,尤其是与广大农民朋友相关的基层医疗卫生,将会得到更快速的发展。在农村地区,发展与农民相关的健康产业,将大有可为。农民朋友也将会进一步获益,不断提升健康水平。

健康中国,必将是防与治两条腿一起走路的。近年来,随着医疗改革进入深水区,政府投入大量财力以解决群众"看病难、看病贵"的问题,使群众小病不出社区,方便就医。其实,从预防医学的角度来看,病后就诊属于第三级的预防,更有意义的举措应该是一级预防,即未病先防。而一级预防的根基就在于群众健康意识的提升,健康知识的普及,健康行为的遵守。农民朋友对健康的需求是日益迫切的,关键是如何将这种迫切需求转化为内在的动力,在预防疾病、保障健康上做出科学的引导。

这也是享受国务院特殊津贴专家,郑寿贵主任医师率队编写此套丛书的意义所在。自 2008 年起该丛书陆续与读者见面,共计汇编 18 册。时隔 8 年,为了让这套农民朋友喜闻乐见的健康读本有更强的生命力,人民卫生出版社特约再版,为此编者召集专家又进行了第 2 版修编,丰富了内容,更新了知识点,也保留了图文并茂、直观易懂的优点,相信会继续为农民朋友所喜欢。

呼吁每一位读者都积极参与到健康中国的战略实施中，减少疾病发生，实现全民健康。

浙江省卫生和计划生育委员会

序

60多年前,世界卫生组织(WHO)就提出了健康三要素概念:"健康不仅是没有疾病或不虚弱,且是身体的、精神的健康和社会适应良好的总称。"1989年,WHO又深化了健康的概念,认为健康包括躯体健康、心理健康、社会适应良好和道德健康。1999年,80多位诺贝尔奖获得者云集纽约,探讨"21世纪人类最需要的是什么",这些人类精英、智慧之星的共同结论是:健康!

然而,时至今日,"没有疾病就是健康"仍是很多农民朋友对健康的认识,健康意识的阙如,健康知识的匮乏,健康行为的不足,使他们最易遭受因病返贫、因病致贫。

社会主义新农村建设,是中国全面建设小康社会的基础。"要奔小康,先保健康",没有农民的健康,就谈不上全国人民的健康。面对9亿多农民的健康问题,我们可以做得更多!

为满足农民朋友对健康知识的渴求,基层卫生专家们积累多年工作经验,从农民朋友的角度出发,陆续将有关重点传染病、常见慢性病、地方病、意外伤害等农村常见健康问题编写成普及性的大众健康丛书。首先与大众见面的是该套丛书的重点传染病系列。该丛书以问答的形式,图文并茂,通俗易懂,相信一定会为广大农民朋友所接受。

我们真诚地希望,这套丛书能有助于农民朋友比较清晰地认识"什么是健康""什么是健康行为""常见病如何预防""生了病该如何对待"等问题,从而做到无病先防、有病得治、病后康复,促进健康水平的提高。

　　拥有健康不一定拥有一切,失去健康必定失去一切!

中国工程院院士　李兰娟

目录

1. 为何要有防灾避险应急意识?

每个人的一生中都会不可避免地遭遇多次的意外,在危难来临时,判断所处环境的危险程度并采取恰当措施常常仅在一瞬间。在稍纵即逝的最佳躲避时间里,如果有避险意识,掌握一定的避险技巧,就能赢得生存的机会,故而非常有必要强化防灾避险应急意识。

2. 防灾避险应急的原则与技巧有哪些?

原则:

生存第一:留得青山在,不怕没柴烧。

自救互救:危险可能再度发生,团结才是出路;自救互救时应注意潜在危险。

随机应变:掌握原则,果断行动。

技巧:

克服恐惧,正确撤离;合理使用水与食物;急救技巧;科学防病等。

救命

3. 日常应配备哪些防灾避险应急物品?

应急物品应固定地放在家中一个安全的地方,便于取用,定期检查更新。主要包括:

①食物:饮用水、饼干等;

②急救药品:酒精或碘酒,纱布、创可贴、藿香正气水等;

③自救互救工具:便携式收音机、哨子、手电筒、干电池、灭火器、绳索、铁锤、铁钉等;

④其他:内衣裤、毛巾、卫生纸、现金等。

4. 常见的意外伤害有哪些?

主要有交通伤、坠落伤、动物咬伤、意外中毒、机械伤等。

不同年龄人群高发的意外伤害类型也有区别:青壮年以道路交通伤害为主,老年人以跌倒为多见,而儿童少年则以溺水多见,未满周岁婴儿的主要危险是窒息。

5. 意外事故中如何简单判断伤者情况?

现场初步判断伤者病情有助于正确实施抢救。首先要观察伤者的神志、呼吸、心跳等基本生命特征,如呼喊、拍打伤者肩部毫无反应,或救助者将手放在伤者鼻孔前未感觉到呼气、手腕部近拇指侧摸不到动脉搏动、耳紧贴伤者左胸壁听不到心脏跳动等,都常预示着病情危重。

如果伤者意识清楚,能判断哪些部位疼痛,救助者应对这些疼痛的部位多加留意,尤其是短时间内出现肿胀的部位可能会有骨折、出血等损伤。

6. 现场如何进行人工呼吸?

对心跳呼吸停止者,要在第一时间对其进行人工呼吸与胸外心脏按压。

救援人员首先要将伤者抬到硬的、较平整的木板或地板上,将其头部偏向一侧,用手指或其他工具清除口鼻内的异物,以保持呼吸道的畅通;然后再压低其额头抬高下巴,用一手捏紧鼻子,另一手的示指和中指抬起伤者下巴,深吸一口气后对伤者的口内用力吹入,观察被救者的胸部,如果方法正确可以看到其胸部鼓起。吹气后施救者放开捏鼻子的手,让伤者从鼻孔呼气,胸部落下。如此反复,可先快速人工呼吸 6~7 次,然后转为每分钟 14~16 次,儿童每分钟 20 次。

7. 现场如何进行胸外心脏按压?

将伤者抬放在硬的木板或地板上,注意其头和胸处在同一水平线上。抢救者跪在伤者右侧,左手掌根放在伤者的胸骨中下段,右手掌重叠放在左手背上,手肘伸直,利用上身的部分重量垂直下压胸腔 3~5 厘米(婴儿 2 厘米),然后放松。手掌始终不离开伤者胸壁,下压平稳,力度均匀,有规则、不间断,下压与放松的时间应大致相等。成人每分钟 80~100 次,儿童每分钟约 100 次,婴儿每分钟约 120 次。

在心跳、呼吸停止 4 分钟内,立即在现场给予有效、正确的抢救,伤者存活率可达 50%。心脏按压与人工呼吸需协调进行,经过心肺复苏培训者可按 30:2 操作心肺复苏;未经过心肺复苏培训者建议仅做胸外心脏按压。

8. 现场如何简易止血?

现场止血常用压、包、捆的 3 种简易方法。

压:用干净纱布或其他布类物品直接按在出血区,或用手指将出血动脉的近心端压在邻近骨头上,以达到止血目的。

包:用干净的布等包裹出血区,力度适中。

捆:以毛巾或其他布片、棉絮作为垫料,再就地取材,用止血带或有弹性的宽棉布条、毛巾等,在适当部位缠绕两圈打结。不要直接系在皮肤上,紧急时可将裤脚或袖口卷起,使止血带系在其上。上肢出血通常捆扎在上臂上 1/3 段;下肢出血捆在大腿上段,尽量不在前臂、小腿系止血带。止血带松紧要合适,定时放松,每隔 1 小时放松 2~3 分钟;放松期间,应用指压法暂时止血。寒冷季节时应每隔 30 分钟放松一次。结扎部位超过 2 小时者,应更换比原来更高的位置结扎。

9. 现场如何简单固定与搬运骨折伤者？

骨折、脱臼后最忌自己乱动或是被别人错误包扎，因为任何小的失手都有可能加重损伤。

搬运可能有脊柱骨折的伤者应先找块结实的木板，由3~4人同时行动，分别托住肩膀、腰部、双脚，同时用力，将其仰卧放于木板上，以防搬运中脊柱发生扭曲而加重损伤。伤员自己也要警惕，一定不能被别人以搂抱的方式或一人抱头一人抱脚的方式进行搬运。

手脚的骨折，最好在现场找些木板、扁担或较粗直的树枝进行固定。固定物应足够长，原则上应超过骨折部位上下各1个关节，避免骨折部位的再移动。骨折部位固定后应速送医院处理，越早越好。

10. 常见外伤处理误区有哪些？

一天傍晚，王阿姨卖完菜，骑三轮车回家时被一辆开得飞快的摩托车撞个正着，人被撞飞，右膝盖磕到了花坛上。王阿姨想站却又站不起来，于是就在地上使劲搓着膝盖等救护车，半个多小时后被送入医院。医生拍片检查，发现王阿姨的右腿髌骨已经裂成了好几块，而且裂开的骨头经王阿姨的一阵搓揉变得分散,不得不做手术。

其实,伤后立即用手去搓揉或用姜、酒、活血药膏去推抹,都是错误的,不但会加剧局部的肿胀、疼痛,而且如果受伤时骨头已经断裂,还会导致断裂的骨头发生移位,不利于治疗。正确的急救方法是用毛巾浸冷水或包冰块后冷敷,抬高并固定创伤部位,尽快送医院处理。数日后,肿胀部位再用热毛巾热敷促进瘀血吸收,有助于消肿。

还有的民间偏方用青蛙皮外敷伤口,这样的做法也是不恰当的,因为这很可能会感染某些严重的寄生虫病。其实大多数外伤所致的伤口只要保持皮肤的清洁、干燥,不发炎,伤口就会好得很快。

11. 乘坐摩托车为何应戴好头盔?

骑摩托车时戴头盔,关键时刻能保住性命。青年小陈回想起那惊险的一幕还心有余悸。那天飘着小雪,朋友有事让小陈尽快过去一趟。小陈急匆匆地发动摩托车准备出门,老婆看见了冲出来,硬给他戴好了头盔。刚到出村的三岔口,意外竟然发生了:也许是骑得太快,小陈没注意到一辆拖拉机正开过来,骑着摩托车一头撞了过去。拖拉机驾驶员惊慌失措,一边刹车一边乱打方向盘。翻倒的小陈,脑袋不偏不倚正好被卡在拖拉机的后轮前,一直推出五六米远才停下。幸运的是,摩托车的帽子虽被磨出了洞,小陈却只是擦破了点皮,没大碍。如果不戴头盔,人摔倒后头部就可能与车、地面发生剧烈碰撞,危及生命安全。

12. 汽车行驶时,为何要求司机和乘坐人员都系安全带?

安全带对保障人的生命安全有着非常重要的作用,在汽车撞击时,安全带既可防止车里的人被甩出车外,也可避免人与车厢、车内物品的剧烈碰撞。系安全带是每个驾乘者的必备功课。系安全带时,安全带下部应系在胯骨位置,上部应置于肩、颈部中间,大约系在锁骨的位置上,这样才会起到安全保护的作用。

老出租车司机姚某现在上车第一件事就是系好安全带。教训深刻啊!几年前,他在路上开着出租车跑生意,一辆大货车毫无征兆地猛地冲撞过来,姚某被巨大的撞击力重重地甩出车外,造成小腿、胸部、骨盆等多处骨折……

13. 孕妇如何系安全带?

①腰带应避开腹部隆起部位,放在胯骨的最低位置,即两侧胯骨的突起部分和耻骨的接合处,最好是绑住大腿。不能让腰带横切在隆起的肚子上。

②肩带也要避开隆起的肚子,从头侧部通过双乳之间到达侧腹部。不能让肩带横切过肚子,另外小心安全带偏头一侧可能摩擦颈部。

③开车时要调节座椅位置,让肚子和方向盘之间有一定的空间。

④调节座椅的倾斜度,使安全带始终贴在身体上。

14. 哪些不良乘车习惯可能会伤害儿童?

①儿童坐于副驾座上。副驾座是一个相对危险的位子,儿童无论是被大人抱着还是一个人坐着,都是十分危险的。当车速在每小时40千米时,汽车紧急制动,由于惯性的作用,一个2~3个月大的5.5千克重的婴儿就可产生110千克的冲击力,极有可能被抛出车外。坐于副驾座上的儿童还可能因为安全气囊的迸开而窒息或撞伤。因此,12岁以内的儿童应坐于后排,有自己独立的位置。

②儿童直接系成人型安全带。这种系法,安全带只能固定于儿童的腹部,如果发生紧急制动或撞击可能会对儿童的腹部、腰部、颈部、脸颊等处造成严重的挤压伤。安全起见,儿童应使用安全座椅,无儿童座椅的 4~10 岁儿童乘车需垫高座位,再系成人安全带。

③儿童在车内玩硬质玩具。有的家长为了让孩子安静乘车,常会随车带许多玩具,如冲锋枪、积木等硬质玩具,但硬质玩具在急刹车中也可能会伤及儿童。

④儿童将头、手伸出窗外。行车中可能被路旁树枝等刮伤,一旦停车启动防盗装置,车窗玻璃可能会自动上升,这时儿童的头、手就有被卡住的危险。所以应教育儿童养成良好的乘车习惯,车窗玻璃应由驾驶员控制。

15. 如何选购儿童安全座椅?

有研究表明,正确使用儿童安全座椅可使儿童在车祸事件中的死亡率有效降低。不使用儿童安全座椅,在发生事故时,孩子可能会因身材太小而滑出安全带,或被突然拉紧的安全带勒伤。因此,0~12 岁的孩子乘车,家长应为其备有专用的儿童座椅,这份保护与关爱不可缺少。

儿童安全座椅品种繁多,许多家长不知如何选购。最为关

键的是要看是否通过安全认证,产品的结构、卡扣设计、材质等是否符合国家强制标准 GB 27887—2011《机动车儿童乘员用约束系统》的要求。要选择结构设计上对头部、躯干、臀部等都有相应保护措施的座椅,卡扣上最好有五点式安全卡扣和前置护体技术,材质要透气、防水、阻燃。

16. 农村机动车驾驶员如何预防和减少车祸的发生?

减速慢行:"十次事故九次快",农村路况复杂应减速行驶。

加强瞭望:在交叉路口、农田机耕路上、入村庄后都应加强瞭望,防范可能突然蹿出的人或动物。

不违章行车:不酒后驾车,不疲劳驾驶,不超载超速,不超长超宽,礼让行人,不人货混装等,遵守交通规则。

保持车况良好:要按时年审,不驾驶刹车性能不好的车辆,不擅自改装车辆。

17. 遭遇车祸瞬间,乘客如何减轻伤害?

乘客坐上车后,座位上有安全带的应及时系好,将危险防范在先。遭遇突发状况时,乘客应双手紧紧抓住前排座位或扶杆、把手,低下头,利用前排座椅靠背或手臂保护头面部。若感到要翻车,系着安全带的乘客应迅速抓住车厢内的固定物稳住身体;未系安全带的乘客应迅速趴在座椅上,抓住车内固定物,让身体夹在座椅中,使身体随车辆一起翻转。如果车辆侧翻在悬崖边上,并有可能继续往下翻滚时,应让靠近悬崖外侧的人先下,从外到里依次离开。

18. 汽车途中刹车突然失灵,驾驶员该怎么办?

汽车在行驶中突然刹车失灵是一件十分危险的事,驾驶员想化险为夷就必须让自己冷静。

第一步是将汽车挡位强行从高挡推入低挡,使车速慢下来。如果是自动挡的要迅速转为手动模式,再强制转挡。

第二步是车速减慢后再试着拉手刹,一定要缓缓用力,慢慢地将手刹拉死,如果手刹拉得很用力,可能会将手刹钢丝线绷断。

一旦手刹控制不住,或车速非常快,必须要找合适的障碍物让车慢下来;万不得已,关闭发动机,看准方向撞击物体。紧急处置过程中,记得打开双闪,提醒双向车辆注意。

19. 汽车途中爆胎,驾驶员该怎么办?

当行驶途中听到爆破声,汽车紧跟着出现明显的方向跑偏,驾驶员得当心爆胎可能。前轮爆裂时,车身往往突然偏向爆胎侧;后轮爆胎时,车尾可能发生侧滑。

驾驶员的第一反应必须是紧紧握住方向盘,保持车辆继续直线行驶,然后紧密关注后方路况,减慢车速,驶离主干道,让车子安全停在路旁。前轮爆胎最好不要刹车,缓慢让车子停下;后轮爆胎,驾驶员可多次轻踩刹车踏板。刹车中切记不可过分用力猛踩,以免因制动力不均而使车辆甩尾或翻车。

20. 列车出轨如何自救?

列车是较为安全的交通工具,但当列车处于高速行驶、"S"形路段等情况时易发生出轨,乘客当感受到车厢出现异常抖动、倾斜时,靠过道侧的乘客应迅速蹲下身体抓紧桌腿,靠车厢壁的乘客或抓住桌腿、或紧挨车厢壁抓住行李架等固定的物件,从而避免身体随车厢摆动而遭撞击。震荡中行李架上的物品可能会滑落,应注意躲避,重点保护好头部,将头藏于桌下或行李架下,或用两手指交叉后放于后脑,手臂夹紧两侧。待车厢稳住后,迅速寻找挂于车窗旁的"破窗锤"或坚硬物品打破窗户,有序地撤离到距铁轨有一定距离的安全地带。

21. 火灾中如何正确逃生?

火灾中引起伤亡的主要原因是浓烟毒气引起的窒息,火灾产生的一氧化碳、二氧化碳等气体可致人窒息死亡。发生火灾时,应尽可能用水浸湿毯子或被褥等物品,将其披在身上,尤其要包好头部,用湿毛巾等掩住口鼻,弯腰行走或匍匐前行,不可乘坐电梯而应走楼梯。

如火灾时人还在室内,开门之前,先用手背碰一下金属门把,如果烫手或门缝有烟冒出来,切勿开门;反之则可打开一道

缝以观察能否出去,用脚抵住门下方,防止热气流把门冲开。如果门被堵塞了,则要改走其他出路,可从窗户边的排水管道往下爬,或将床单撕开打结成绳子往下滑。实在无路可走,应想方设法用湿布堵住门窗、门缝、用水淋透房门,同时设法呼救,打电话,还可在建筑物阳台上挥动鲜艳的彩带或衣物以引起救援人员的注意。

如果火灾发生于陌生的公共场所,而你正好受困其中,千万不要惊慌,应辨明方向,认准太平门、安全出口、避难间等位置,选好逃离路线,不要拥挤、盲从,更不要来回跑。

22. 哪些火灾不能用水扑救?

①油锅:油锅起火时,千万不能用水浇。水遇到热油还会"炸锅",使油、火到处飞溅。扑救方法是,迅速将切好的冷菜沿边倒入锅内,或是用锅盖、能遮住油锅的大块湿布遮盖到起火的油锅上,使燃烧的油火接触不到空气缺氧而熄灭。

②燃料油、油漆:千万不能用水浇,应用泡沫、干粉等灭火器或沙土进行扑救。

③电器:电脑、电视机等发生火灾时,首先要切断电源。在无法断电的情况下千万不能用水或泡沫灭火器扑救,因为水和

泡沫都能导电。应选用二氧化碳、干粉灭火器或者干沙土进行扑救,而且灭火人员要与电器设备和电线保持 2 米以上的距离,防止温度突然下降而发生的电器爆炸伤及灭火人员。

④化学危险物品:硫酸、硝酸、盐酸,碱金属钾、钠、锂,易燃金属铝粉、镁粉等,这些物品遇水后极易发生化学反应或燃烧,绝不能用水扑灭,可根据性质选用沙土覆盖等方式灭火。

⑤容易被破坏的物质,如图书、档案和精密仪器等最好不要用水扑救,可选用二氧化碳灭火器等。

23. 如何正确使用灭火器?

家中最好常备灭火器。灭火器有干粉灭火器、泡沫灭火器和二氧化碳灭火器等多种类型,可根据用途作恰当选择。手提式干粉灭火器既可以扑救燃气灶及液化气钢瓶角阀等处的初起火灾,也能扑救油锅起火和废纸、电器设备等引起的火灾,且使用方便、价格便宜、有效期长,为一般家庭所选用。当出现火灾时,将干粉灭火器先颠倒几次,使筒内干粉松动;然后除掉铅封,拔掉保险销,左手握着喷管,右手提着压把,在距火焰 2 米的地方,右手用力压下压把,左手拿着喷管左右摇摆,喷射干粉覆盖燃烧区,直至把火全部扑灭。因干粉冷却作用较小,灭火后要防止复燃。

值得一提的是,使用二氧化碳灭火器时,不能像干粉灭火器一样从上朝下平射,而应采用侧射,因二氧化碳主要是隔绝空气,窒息灭火,所以喷筒要从侧面向火源上方往下喷射,喷射的方向要保持一定的角度,使二氧化碳能覆盖火源。

24. 如何预防家中火灾?

火灾重在预防。第一,定期检查家用电器的使用情况,电器或线路老化,要尽早维护或更换。一旦着火,要先切断电源,再用灭火器进行灭火。第二,使用电熨斗、电吹风、电取暖器等家用电热器具时,人不能离开。第三,安全使用燃气,外出、临睡前要熄灭火种,关闭气源。第四,如要使用蚊香,不要靠近蚊帐、被单、衣服等可燃物。不要卧床吸烟,切忌乱扔烟头。第五,家中常备灭火器,按人数备消防面具,并固定存放在易取并安全的地方。

25. 烧烫伤后如何处理?

日常生活中,多因开水、热汤菜、火炉或煤气使用意外、儿童玩火等引起烧烫伤。被烧烫伤后应立即用自来水或冷开水持续冲、泡受伤部位,要冲到不冲泡时感觉不到疼痛方可停止,可减轻疼痛、肿胀,防止起泡。冲泡越早,水温越低(不能低于5℃,以免冻伤),效果越好。烫伤处用水冲泡后还可涂清凉油或烫伤膏等防止红肿加剧。如果局部已出现水疱,不要弄破,仍可先用自来水或冷开水轻轻冲洗,再涂烫伤膏或植物油等,用干净布覆盖后送医院。如果烧烫伤面积大,皮下组织、脂肪、肌肉等也受到损伤,或局部大水疱破裂等,不要强行撕脱衣服,也不要自行处理,应该用洁净的毛巾等包裹后速送医院,让医师处理。

26. 游泳应注意哪些安全问题?

无论你是否会游泳、游泳水平如何,一旦下水都要有安全防范意识。

①熟悉游泳环境:到游泳池及人们熟悉的水区游泳,不熟悉的水区最好不要盲目下水,要有熟悉环境的人相随,并随身带上游泳圈、救生衣等,确保安全;不要到有血吸虫等的疫水中游泳,不要到污浊、杂草丛生的水面游泳。不要冒险跳水,先下水探水深浅后再决定是否可跳,避免造成头部撞击伤害。

②做好准备再下水：带上救生器材，伸展四肢、活动关节，用水拍拍头和前胸，使身体适应水温，再下水。过度疲劳和空腹时不能游泳；身体状况不佳如月经期、感冒或患其他疾病时也不要下水；满身大汗时要等汗稍干后才能游泳。不注意这些问题，很容易发生头晕或抽筋。

③不要单独游泳，应结伴而行，互相照应，尤其是少年和初学游泳者要有熟悉水性的同伴相随。

27. 怎样援救溺水者更易成功？

发现有人溺水，不会游泳或游泳技术不佳者不可直接下水救人，可机智地就地取材，向溺水者身边扔木块、泡沫塑料板等可以漂浮的物体以让其借力不下沉，或递给溺水者木棍、绳索等拉他脱险。会游泳者入水救助时，须先脱掉衣裤，如来不及脱衣裤应赶快翻出口袋，避免入水后增加负担。抢救者游到溺水者面前约 3~5 米，先吸一大口气潜入水下，从溺水者后面托起他的头，让面部浮出水面，从后面或侧面托住溺水者的腋窝或下巴使其呼吸，仰游把溺水者拖带上岸。万一被溺水者缠住，可捏溺水者的鼻子，待其松开后再迅速救上岸，如不迅速设法摆脱，抢救者也会十分危险。其他救助人员需立刻打 110 电话，请求救援。

溺水者被拖救上岸后,抢救者应立即取出其口鼻内的杂草、泥沙、假牙等物,擦净口、鼻,再单腿跪地,将溺水者腹部置于抢救者另一条屈膝的大腿上,使其头、手下垂,用手平压溺水者背部,将水吐出。抢救者也可用双手抱起溺水者的腹部,将头下垂,使其吐出胃内的积水,但要注意不可一味倒水而延误抢救时间。如果溺水者心跳呼吸停止,抢救者应尽快将其放于平整地上,对其进行胸外心脏按压与人工呼吸。

28. 现场如何救助触电者?

触电后,唯一的生机是使触电者立即脱离电源。通常电线装入屋前都会经过一个总电闸,发现有人触电,应立即拉下总电闸,切断电源。万一找不到电闸,应用干燥的木棒、竹竿、扁担、手杖等绝缘材料挑开电线。千万不能用手直接拖拉触电者,这样救助者也会一同触电。

触电后的自救也是一种"逃生"本领。人们遭到的电击多数是220伏民用电和380伏工业用电,在触电后的头几秒内,人的意识并未完全丧失,触电者可用另一只手抓住电线绝缘处,把电线拉出,摆脱触电状态。如果触电时电线或电器固定在墙上,可用脚猛蹬墙壁,同时身体往后倒,借助身体重量甩开电源。

野外钓鱼、劳作时,可能还会发生带电高压线的触电,这非常危险。一旦发生高压电线触电,应迅速切断电源,如无法找到电源,应立即电话报告供电部门请求处理,救护者不能盲目接近触电者,不要接近断线点周围的 8~10 米范围,否则可能因跨步电压的产生而触电。

29. 遇到电梯事故怎么办?

在箱式电梯中,如遇电梯速度不正常时,要立即将每一层的按键都按下,并立即调整身体,将两腿微弯,上身向前倾斜,做好应对冲击的准备;电梯突然停运,不要轻易扒门爬出,以防电梯突然开动;被困电梯时,应保持镇定,用电梯内的警铃、对讲机或个人电话与外界联系,并大声呼叫或间歇性地拍打电梯门;如果电梯运行中发生火灾,应将电梯停在就近楼层,迅速撤离。

乘扶手电梯时,要看清脚下,拉好扶手,不推操。无论上下方向,手扶电梯的一侧下方都有红色的紧急停止按钮,在非紧急情况下,千万不要误按,否则突然停止会造成乘客摔倒、翻落或是踩踏。但在确认有人被电梯卷入时,应果断按下。

30. 如何预防坠落伤?

坠落伤是常见的意外伤害之一,幼儿、老人和高空作业者中发生较多。

预防坠落伤,首先要强化安全意识,教育儿童不要攀爬窗户,在户外玩要时不攀爬围墙、篱笆、楼梯等。其次认识并消除家庭及劳动生产中坠落伤多发的隐患,如屋中近窗户处最好不要放置桌椅;露天水井最好用水泥盖盖上;楼梯高度设置适当,扶手安装妥当,地板表面防滑等。然后,高空作业等人群应严格执行安全操作规程,佩戴安全保护装置,设置安全防护网等。

31. 掉进沼泽地如何求生?

如果不小心踏进了沼泽地,一定要冷静,千万不要乱动,动得越厉害,陷得就越深越快。应立即使身体仰卧在沼泽面上,同时张开双臂,头向后仰,慢慢地将下肢抽出沼泽面,小心翼翼地向沼泽边"游"去。"游"到沼泽边后,可以抓住藤条或稻草之类的东西,或"游"到边缘比较坚硬的地方,慢慢爬上地面。

32. 林中迷路如何找准方向?

人们进入茂密的树林中很容易迷路,发现自己迷路时千万不要惊慌,而应当镇定。跑到高处去,或站在附近高大的物体上,看看是否有人活动,并了解自己所处的位置。如果离傍晚还有很长一段时间,你可以寻找水流。找到水流后,沿着水流的方向走,就有可能找到人家,也容易走出山区。

如果找不着可靠的地理特征,可仔细观察,分辨方向。我国地理位置在北半球,正午时太阳在天顶靠南;或者在一块平地上,竖直放置 1 米长的垂直树干,注明树影所在的位置,顶端用石块或树棍标出树干阴影的第一个投影点,15 分钟后,再标记出树干顶端在地面上新的投影位置。从第一投影点向第二投影点划一箭头,箭头所指方向就是东方;你还可以看一下树林里苔藓的情况,树干北面或石头北面的苔藓长势较南面的要好。如果是在夜晚,分辨方向可借助北极星。先找到北斗七星,然后将北斗七星的斗口的两颗星连线,并朝斗口方向延长约 5 倍远,多能找到北极星。北极星所在的方向就是正北。辨清方向后,你就可以继续有目的地赶路了。

33. 被困孤岛或丛林中,如何发出求救信号?

点燃火堆:最好点燃三堆火,并排成三角形,每堆之间距离相等,以引起救援者的注意。

声音求救:可大声呼喊,也可借助其他物品发出声响,如用斧子、木棍敲打树木。

利用反光镜:用随身携带的金属、罐头皮、玻璃片、眼镜等作

反光物,反光点可以引起他人的注意。

在地面上作标志:如把青草割成一定标志,或在雪地上踩出一定标志;也可用树枝、海草等拼成一定标志,向救援者传递信号。"SOS"是国际上比较常用的求救标志。

34. 煤气中毒如何自救互救?

煤气能杀人于无形,主要成分一氧化碳无色无味让人缺氧,我们日常能闻到的煤气呛鼻味儿,是为了安全起见而特别加入的起提醒作用的"甲硫醇"。在可能产生煤气的环境中,当出现头晕心慌、全身没力气、恶心呕吐等不舒服时应考虑煤气中毒可能,此时中毒者会感觉全身无力,可能没法走出门口,应就近挪向窗户,打开窗户,将头探出。

如果看到中毒者的皮肤嘴唇出现樱桃红色时,基本可以判定就是煤气中毒,救助者应找块湿毛巾捂住自己口鼻,迅速转移中毒者至空气新鲜处,并松开中毒者的衣领、裤带,保持其呼吸

通畅,同时注意保暖。严重中毒者会昏迷不醒、呼吸微弱,救助者应对其进行人工呼吸和心脏按压,并马上拨打 120 急救电话,送往医院抢救。

35. 发生危险化学品泄漏时该往哪逃?

危险化学品多对鼻子、眼睛、气管、肺等部位有刺激性,吸入一定量时会导致呼吸困难等严重情况,危及生命,常见的有:氨水、硫化氢、甲醛、二氧化硫、农药、液氯等。

1984 年印度博帕尔市附近的一家农药厂装有液态剧毒气体的储气罐发生泄漏,45 吨甲基异氰酸盐气体弥漫于博帕尔,仅 2 天死亡 2500 余人。事件发生时,当地群众由于缺乏常识跑到工厂去围观,后来得知是毒气泄漏,纷纷逃跑。然而毒气是无情的,不少人在逃跑中双目失明,一头栽在地上再也没起来。还有的居民以为关闭门窗就可以挡住毒气,却使房子成了毒气罐,毒气渗入容易出去难,一家人都死在家中。

那么危险化学品泄漏时如何撤离才是安全的呢?一旦发生危险化学品泄漏,必须避开毒气泄漏的下风向,往上风向逆风逃

离。否则边跑边吸入毒气,加速气血运行,毒发更快,更难逃过毒气的魔爪。

36. 被毒蛇咬伤后如何自救?

被毒蛇咬伤后,急救处理要遵照冷静、结扎、冲洗、排毒的原则。

冷静:指毒蛇伤后要镇静不要惊慌失措,更不能用力奔跑,否则中毒反应会加剧。

结扎:在1~2分钟内用茅草、布条等在伤口上方3~5厘米处结扎,15~30分钟解开一次1~2分钟,以减慢毒素吸收,预防患肢缺血坏死。

啊,我被蛇咬了!

冲洗:用大量的清水反复冲洗伤口。

排毒:如果蛇牙留在体内应马上拔出。用清洁的小刀或其他干净的利器挑破伤口,不要太深,以划破两个毒牙痕间的皮肤为原则。或在伤口周围的皮肤上挑破数孔,使毒液外流,从上向下不断按压伤口15分钟左右,挤出毒液毒血。如果伤口里的毒液不能畅通外流,可用吸吮排毒法,但吸吮者口腔内必须没有溃疡等病变,边吸边吐,每次都用清水漱口。经过这些处理虽可被去除一部分的蛇毒，但不可轻视，必须及时到正规蛇伤救治单位进行治疗。

37. 被蜂蜇伤如何紧急处理？

被蜂蜇伤后，蜂的毒针会留在皮肤内，必须将其拔出，或用消毒后的针将其挑出。若被蜜蜂蜇伤，因蜜蜂毒液是酸性的，可用肥皂水冲洗伤口。若被黄蜂蜇伤，则要用食醋洗敷，也可将鲜马齿苋洗净挤汁涂在伤口上。不要用红药水、碘酒之类的药物搽抹患部，这样不仅无助于治疗，反而会加重患部的肿胀等不适。

38. 接触松毛虫后如何处理？

松毛虫生活在种植松林的丘陵地带，我国南方多见，5~11月多发。接触松毛虫或其虫毛均可引起发痒、红斑、风团等皮炎症状，有的还会起水疱，火辣

辣的，奇痒无比。个别严重病例还会出现局部红肿疼痛的硬块，1~2周后慢慢消退。部分患者还会出现松毛虫性骨关节病，多发生于手、脚等暴露在外的小关节上，出现关节肿胀、压痛、不能活动，经积极治疗可好转，病程多在3~7天，少数可长达一至数月，但也有严重的会出现肌肉萎缩、关节变形、强直，引起残疾。接触了松毛虫或虫毛后，应立即用肥皂水、漂白粉水等擦洗可能接触的部位，发痒处注意检查有无毒毛，如有毒毛可用伤湿膏反复粘贴以去除。同时，为防范病情恶化、损伤关节等，接触松毛虫后应及时去医院检查治疗。

39. 被蜈蚣咬伤后应如何处理？

小陈睡梦中感觉脸上一阵搔痛,惊醒一看,枕头上一只大蜈蚣正快速地爬着。小陈抖掉蜈蚣继续睡觉。第二天早上小陈的脸又痒又痛,还生出了一串水疱,小陈这下可不敢马虎,立即上医院寻求医师的帮助。

蜈蚣咬破皮肤后注入毒汁,引起被咬者中毒,被咬部位出现红肿、疼痛、水疱,严重的出现坏死及淋巴管炎,全身发热、恶心、呕吐、头痛、头晕、昏迷及休克等。蜈蚣的毒液是酸性的,因此被咬伤后立即用清水或肥皂水彻底清洗伤口可减少毒素吸收,还可用毛巾冷敷或包裹冰块敷在局部,以减轻疼痛,并及时去医院检查治疗。

40. 被狗咬伤如何处理？

小伙子潘某被安置在传染病医院一间僻静的隔离治疗室里,他已经高热了3天,护士用黑布包好输液瓶,给他小心地挂上盐水——小潘怕水、风、光等刺激,他只要看到或听到这些就会极度恐慌、喉咙的肌肉不由自主地会痉挛,透不过气来。病情一天天加重,小潘知道自己距离死亡越来越近;只怪自己太大意,数月前被一条狗咬伤,看它很健康的样子就没去打狂犬疫苗……

与小潘类似的悲剧还有很多,狂犬病很难治愈,死亡率几乎百分之百,但狂犬病只要正确处理,是可以有效预防的。在被狗咬伤、抓伤后,无论皮肤有无出血,你都应迅速、彻底地清洗和消毒伤口:先用肥皂水或清水彻底冲洗伤口至少15分钟,然后用碘酒或酒精涂擦。只要伤口没有愈合，清洗就必须进行。伤口处理后，在被咬后 24 小时内，尽早到附近的卫生院或疾病预防控制中心打狂犬病疫苗，越早越好。考虑狂犬病的严重性，即使超过 24 小时也应打疫苗加以预防。即使没有出血的轻微抓伤，或皮肤上的伤口被动物舔过，也都需要注射。狂犬病疫苗全程需注射 4 剂或 5 剂（以说明书为准），1 个月内打完。如果咬伤的部位有出血，尤其是头面、颈、上肢、胸背部等多处被咬伤的，应在打预防针的同时在伤口周围注射狂犬病免疫球蛋白，加强保护。

除了狗这种动物外，猫、鼠、蝙蝠、鼬、獾等动物也可能传播狂犬病，因此被它们咬伤、抓伤时也应按上面的方法处理。

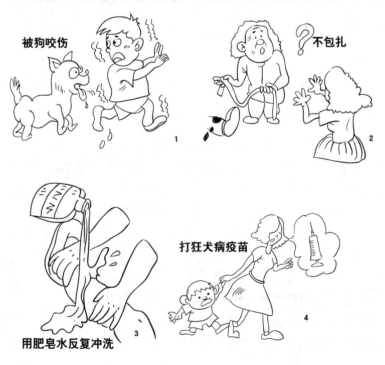

41. 农药中毒如何紧急处理？

农药中毒多因误服、自杀、劳动过程中使用不当所引起。发现有农药中毒者,应立即把他搬离受农药污染的场所,脱去污染的衣物,用干净毛巾擦拭掉皮肤上残留的农药,并注意保暖;再检查中毒者口鼻内是否有异物,如有假牙等其他东西,应马上取出。如果中毒者意识清楚,可以尝试催吐,用手指或筷子、汤匙等压中毒者的舌根部引起呕吐,吐后再灌一大杯温凉的水再次引吐,直到胃内容物全部吐出,从而减少农药继续吸收。同时尽快送往医院,并将农药瓶一并带上,以便医师正确判断与处理。如果中毒者已昏迷,要坚持进行胸外心脏按压与口对鼻人工呼吸,速送医院。

42. 农业生产中如何预防农药中毒？

7月的大热天里,有一位妇女在给果树喷完农药后,大约过了6小时出现了恶心呕吐、手脚抽搐等症状,很快昏迷,经医师诊断为农药中毒。原来因为天热,该农妇在喷农药时穿着无袖衫,没戴口罩也不戴手套就"赤膊上阵"。农药毒杀害虫的同时,也在毒害着自己。

干农活时预防农药中毒的关键是选择低毒高效的农药,并做好个人防护,穿长衣长裤,戴好口罩、手套。打药

最好选择在清晨,人在上风向。如在农田里还可以采用倒退隔行打药的方法:人倒着行走,在第一行边上时打药喷向第二行,依此类推,保持农药与人口鼻间有一定距离,减少吸入。喷雾器等工具使用后要在指定地点清洗,防止污染水源与周围环境;人回家后也应尽快洗澡换衣。

43. 误食毒蘑菇、蟾蜍等有毒动植物后如何紧急处理?

人吃过野蘑菇、蟾蜍、发芽土豆、新鲜黄花菜等可疑带毒的动植物后,短的数分钟,长的数小时,出现恶心、呕吐、烦躁、手脚发麻颤抖等症状时应考虑中毒可能。中毒者常病情凶险,不要犹豫,立即拨打120急救电话。等待期间尽量减少活动,可大量饮用温开水或稀盐水,然后采取催吐措施,以减少毒素的吸收。对于已发生昏迷的患者不要强行向其口内灌水,防止窒息,并为患者加盖毛毯保温。

44. 脚踩了铁钉怎么办?

小李家造新房,他在工地上搬运水泥时不小心右脚踩着了铁钉,拔出铁钉也没多想继续干活。3天后的中午,家人突然发现小李手脚抽搐、脸色铁青、口吐白沫,立即叫救护车,医师诊断小李得的是破伤风,幸好送治及时,否则延误救治可能出现窒息等严重并发症,危及生命……

被铁钉尤其是生锈的、带泥土的铁钉扎伤后,很可能得破伤风。一般来说,不深的伤口,可先自行把钉子完全拔除,再用力挤压,使局部血液流出,然后用干净的布简单包扎后送医院处理。如果伤得很深,或者是被细铁钉或铁针伤害,可能发生断针,应立即到医院处理,同时将断在外面的半截铁针一起带去供医师参考。伤口处理完毕后,要注射破伤风抗毒素,以预防破伤风。

45. 如何紧急处理气管异物?

有一对姐弟,姐姐 6 岁,弟弟才 1 岁。母亲准备下厨烧饭,将弟弟放在婴儿学步车中叫姐姐陪他玩,而弟弟见母亲走后就开始哭闹。姐姐为了哄他就将一颗自己很喜欢吃的软糖喂进他的嘴里,不一会儿,弟弟果真不哭闹了。待母亲从厨房出来时却发现儿子已没了呼吸……

气管异物是儿童尤其是婴儿的常见意外伤害,短时内就有

窒息的危险。一旦发生气管堵塞,有时根本来不及送医院,身边的人应立即果断施救。对于婴幼儿,家长可倒提两腿,使其头向下垂,同时轻拍其背部;对大孩子、成人,抢救者站在患者背后,双手向前呈搂抱式,右手握拳按住其腹部,拇指顶在其肚脐正上、肋骨正下处中间,左手握住右拳用力向后上方冲击式推压,借助肺部产生的气流冲击将异物排出。在采取抢救措施的同时,要尽快送附近的医院,途中不要停止抢救。有的较小的异物呛入气管后,可能不会出现窒息,但也不能轻视,拖久了会引起气管发炎、肺不张、肺脓肿等严重疾病,应尽早去医院检查处理。

预防气管异物,任何人都要养成安静、专心、细嚼慢咽的良好进食习惯,不要边吃边玩、边笑、边说话等。对婴幼儿,家长应尽量不要喂豆子、花生、瓜子、果冻等小而光滑的食物。

46. 鱼刺卡喉如何处理?

当鱼刺等异物卡在食管后,很多人会采用大口吞饭菜的方法强行将异物推下去,但这样做是很危险的。强行吞咽,鱼刺等尖锐的异物可能刺破食管,甚至还能刺破气管、大动脉,引起局部损伤、炎症或大出血,危及生命安全。

因此,一旦不慎被鱼刺卡住,要保持放松的状态,立即将口腔内的食物吐净,用冷开水漱口,张嘴让别人看看,如果看得

鱼刺卡喉咙不能硬吞

见,就让人直接用筷子、镊子夹出鱼刺。如果是小的鱼刺,可以喝适量的开水,试图将鱼刺冲下去。如果是较大的鱼刺,或通过这些努力还不能解决问题,应立即去医院看急诊。盲目采用吞咽饭菜和喝醋等办法,可能会将鱼刺推向更危险的部位或使鱼刺扎得更深,治疗起来就更麻烦了。

47. 如何处理眼部异物?

眼睛里进东西后,切勿用手揉擦眼睛,以免擦伤角膜。应冷静地闭上眼睛休息片刻,等到眼泪大量分泌时再慢慢睁开眼睛眨几下,多数情况下,大量的泪水会将眼内异物自动地"冲洗"出来。还有方便可行的办法是准备一盆清洁干净的水,轻轻闭上眼睛,将面部浸入脸盆中,眼睛在水中眨几下,这样也会把异物冲出。如果还是无效,可请人或自己翻开眼皮,用棉签或干净的手帕蘸凉开水或生理盐水轻轻将异物擦掉。如果这些方法都不奏效,那么异物可能陷入眼睛内,应立即到医院请眼科医师取出。千万不要用针挑或用其他不洁物擦拭、挑拨,以免损伤眼球,导致眼睛化脓感染。异物取出后,可适当滴入一些眼药水或眼药膏,以防感染。

48. 宝宝误吃了药怎么办?

孩子都有好奇心,经常会把一些颜色鲜艳的药品当成水果糖吃。为预防宝宝误服药物,家中应将所有药品、有毒物品等放置高处或加锁,让孩子不能接触到。

家长一旦发现宝宝误服了药物，切莫惊慌失措，也不要打骂孩子。要尽快弄清孩子吃的是什么药，吃下去有多少量、距现在有多少时间等，如果误服的药物是维生素或毒副作用很小的中成药，家长可进行简单的处理，让孩子多饮凉开水，使药物稀释并及时从尿中排出。如果家长不了解药物的毒性或没有处理把握，应及时将孩子送往医院，并将误食的药物或药瓶带上。

49. 儿童独自在家应注意哪些安全问题？

①单独在家时，一定要锁好门，如有陌生人来访，不要私自开门。

②在家中不要攀缘登高，更不要在阳台、窗边及楼梯口嬉戏，避免发生坠楼和滚下楼梯的事故。

③注意用电、用水、用气的安全。湿手时不触摸电器的开关、插头，不乱接乱拉电线，不要将手指、别针等放进插座，以免触电；不要独自进洗手间或浴室玩水，不随意开启热水龙头；不可开启煤气开关，更不能用手去摸明火，家长要教会孩

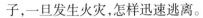

子,一旦发生火灾,怎样迅速逃离。

④玩耍时,清洁用品或杀虫剂不可拿来喷着玩,不要用塑料袋或棉被蒙头,也不要把绳子绕在脖子上。

⑤告诉孩子吃任何东西前,一定要先征得大人同意,避免误食;吃东西时不要边吃边跑,不可把花生、纽扣、弹珠等小东西放进鼻孔或嘴里,以免异物进入儿童气管导致窒息。

⑥家长要告诉孩子在遇到危险时,怎样拨打紧急电话。

50. 孩子在学校应注意哪些安全事项?

①不要在校内追逐打闹,上下楼梯要慢行。不做危险游戏,不跨越栏杆,不翻越围墙和大门,集体活动时听指挥。

②不要乱碰电闸、电插头及灭火器材,注意用电用水安全。

③不随便吃野果等安全性不明的食物,不购买"三无"食物,不吃过期或腐败变质的食品,防止食物中毒。

④放学回家的路上要注意交通安全,遵守交通规则,不在马路上追逐打闹。不要私自下溪、河、池塘、水库等水域洗澡或游玩。

⑤发生校园欺凌的情况应尽早向家长、老师述说,必要时报警;否则越懦弱越助长欺凌之风。

51. 旅行乘车(机、船)应注意哪些安全事项?

①有秩序上下车(机、船),讲究文明礼貌,切勿拥挤,以免发生意外。请勿携带违禁物品。

②在车、机、船临时停靠期间,服从服务人员安排,请勿远离。

③在乘车途中,请不要与司机聊天和催促司机开快车、违章超速和超车行驶;不要将头、手、脚或行李物品伸出窗外,以防意外发生。

④下车浏览、就餐、购物时,请注意关好旅游车窗,拿齐自己随身携带的贵重物品。

⑤乘坐飞机时,应注意遵守民航乘机安全管理规定,特别是不要在飞机上使用手机等无线电讯工具或电子游戏设备等。

⑥公共交通工具属于公共场所,应遵守公共场所禁止吸烟的规定。

52. 旅行住宿应注意哪些安全事项?

①入住酒店后,应了解酒店安全须知,熟悉酒店的安全出路、安全楼梯的位置及安全转移的路线。

②注意检查酒店所配备的用品,如卫生间防滑垫等是否齐全,有无破损,如有不全或破损,请立即告知酒店服务员或导游。如因当地条件所限,未能配备,应小心谨慎,防止发生意外。

③贵重物品应存放于酒店服务总台保险柜或自行妥善保管,外出时不要放在房间内。

④不要将自己住宿的酒店、房号随便告诉陌生人;不要让陌生人或自称酒店的维修人员随便进入房间;出入房间要锁好房门,睡觉前注意门窗是否关好,保险锁是否锁上;物品最好放于身边,不要放在靠窗的地方。

⑤入住酒店后需要外出时,应告知随团导游;在酒店总台领一张酒店房卡,卡片上有酒店地址、电话,或自行抄写酒店地址与电话;如果您迷路了,可以按地址询问或搭乘出租车,安全顺

利返回住所。

⑥遇紧急情况千万不要慌张。发生火警时不要搭乘电梯或随意跳楼;镇定地判断火情,主动地进行自救。

53. 游览观景应注意哪些安全事项?

①注意有关安全的提示和忠告,预防意外事故和突发性疾病的发生。

②根据自身身体状况选择活动项目,注意适当休息,避免过度激烈运动以及自身身体无法适应的活动,同时做好防护工作。

③经过危险地段(如陡峭、狭窄、潮湿、光滑的通路)时不可拥挤;前往险峻处观光时应充分考虑自身的条件是否可行,不要强求和存有侥幸心理。

④在水上(包括江河、湖海、水库)游览或活动时,注意乘船安全,要穿戴救生衣;不单独前往深水水域或危险河道。

⑤乘坐缆车或其他载人观光运载工具时,应服从景区工作人员安排;遇超载、超员或其他异常时,千万不要乘坐,以防发生危险。

⑥游览期间,游客应三两成群,不要独行。如果迷失方向,原则上应原地等候导游的到来或打电话求助,千万不要着急。自由活动期间游客不要走得太远。携带未成年人的游客要认真履行监护责任,管好自己的孩子,不能让未成年人单独行动。

54. 如何预防踩踏事故的发生?

踩踏事故一般源自4种现象:一是大客流时前面有人摔倒,后面人未留意,没有止步;二是人群受到惊吓,产生恐慌,如听到爆炸声、枪声,在无组织、无目的的逃生中,相互拥挤踩踏;三是人群因过于激动(如兴奋、愤怒等)而出现骚乱,易发生踩踏;四是因好奇心驱使,造成不必要的人员集中而踩踏。预防踩踏事故最好的方法是提高公众的安全避险意识,避免到人多拥挤的地方。在空间有限、人群又相对集中的场所,比如球场、商场、楼梯、影院、景区等,一定要提高安全防范意识,留心出口和紧急通道。

55. 踩踏事故发生后如何自救?

一旦遇到人流拥挤的情况,不要慌乱,保持冷静,一定要先站稳,身体不要倾斜失去重心,不要逆向人流,尽量顺着人流方向移动。双手握拳架在胸前,就像拳击手的防守姿势,这样可以尽量保证胸腔不被挤压。如果你离墙近,尽量向墙的方向移动,后背靠墙;或者寻找有电线杆、汽车、雕像等大重量固定物,贴紧它们你就不会摔倒。如果摔倒了,立即将双臂交叉环形护住头和胸腔。因为踩踏事故中,很多人是窒息而死,用这个姿势不仅可以保护身体的重要部位,还可以预留空间保持呼吸,增加获救机会。

56. 我国常见的天灾有哪些?

　　我国幅员辽阔,自然灾害频发,常见的有:地震、台风、雷电、沙尘暴、低温冰冻、干旱、冰雹、泥石流、火山喷发等。

57. 如何识别地震前兆?

　　地震,即因地下岩石破裂或断层错动而引起的地面震动,大地震往往造成房屋倒塌、地面破坏,并引发火灾、水灾、有害气体泄漏等次生灾害,堪称"群灾之首"。因原因不同分为构造地震、火山地震、陷落地震、诱发地震等。

　　地震前会出现一些异常表现,掌握这些异常现象可以为避险争取时间。常见的地震前兆有:①井水:天未下雨而井水变浑浊、冒气泡、味道难闻,水位忽上忽下。②动物:牢记民间谚语"骡马牛羊不进圈,老鼠成群往外逃。鸡飞上树猪乱拱,鸭不下

水狗狂叫。冬眠蟾蛇早出洞,燕雀家鸽不回巢。兔子竖耳蹦又撞,游鱼惊慌水面跳。"这些都是可能发生地震的先兆。③地声、地光:多为临震征兆,地声类似于机器轰鸣声、雷声、炮声、狂风呼啸声。地光通常出现在地平线上,颜色多样,形状各异,有带状、片状、球状、柱状、火样光等。

58. 地震时人在屋内该怎么办?

大地震时,从感到地面震动到房屋倒塌会有几秒至十几秒的时间,这几秒里身处室内的人该怎么办? 是"跑"还是"躲"? 一念之间可能会决定生死。其实,这时候大多需要先"躲",而不是"跑"! 除非此时人就在屋门附近,室外又无危房、小巷或者障碍物,可以选择跑到室外空旷处。否则,在地震发生的短暂瞬间,人们在进入或离开建筑物时,被砸死砸伤的概率最大。

"躲"也要冷静,迅速选择并

48

41

转移到建筑物内避震有利部位,如开间小的房间:厨房、厕所、储藏室等地方;或者室内坚固的三角地带:承重墙墙根、墙角;炕沿、坚固家具边等(不宜藏于家具下面),并迅速贴边缘趴下或蹲下,尽量压低身体,脸朝下,头近墙,两只胳膊在胸前相交,将鼻梁上方两眼之间的部位枕在臂上,闭上眼、嘴,用鼻子呼吸。如有可能用枕头、书包等保护头部。三角地带通常因残墙或家具等坚固物的支撑而形成生存空间。地震时人万万不能在窗户、阳台、楼梯、电梯及附近,以及吊顶吊灯下、玻璃(包括镜子)旁,停留于这些地方最易致人受伤。

59. 地震时人在屋外该怎么办?

就地选择开阔地避震,蹲下或趴下以免摔倒,用随身包等保护头部,注意避开上方可能的危险物,如楼房特别是有玻璃幕墙的建筑、过街桥、立交桥、变压器、电线杆、路灯、广告牌、吊车、高烟囱、水塔等。不要盲目乱跑,不要随便返回室内。

房子要倒了,赶快离开

如在山郊野外,则要避开山脚、陡崖和陡峭的山坡,以防山崩、泥石流滑坡等;遇到山崩、滑坡,要向滚石前进路线的垂直方向跑,切不可顺着滚石方向往山下跑;也可躲在结实的障碍物下,或蹲在地沟、坎下;特别要保护好头部。

60. 身体被压时如何才能脱险?

身体被压后,应尽力活动手脚,清除压在身上的物件,设法用砖石、木棍等支撑残垣断壁,以防坍塌或余震时再被埋压;用湿手巾、衣服或其他布料等捂住口鼻和头部,防止烟尘呛闷;有条件时,尽量朝宽敞、有光亮的地方移动。无法逃出时应注意寻找食物和水,尽量减少不必要的呼救,以防失声或耗尽体力,尤其是无力脱险时,要静卧,保持体力,坚定意志,等待求援。

如何向外界传递你需要救助的信息呢? 当你能听到外面有人说话时,可敲击物品,或打开手机,向外界传递信息。当你的处境与外界还有空隙时,可以利用眼镜片、碎玻璃片、金属器皿、首饰等能反光的物品摇动反光亮点;黑夜里可用手电筒向外发射一明一灭的求救信号;或者安静等待,等有人经过或附近有人施救时,将身边的细石频频抛出,或寻找细杆将彩色衣物等伸出,摇摆示意。

61. 地震中人们如何互救?

地震发生后,尽快互救是减少伤亡的主要措施之一。互救原则:①先多后少:先施救压埋人员多的地方;②先近后远:先救近处被压埋人员;③先易后难:先抢救那些容易获救的幸存者,如建筑物边缘瓦砾中的幸存者;④先轻后重:先救受伤较轻和身体强壮的人员;⑤先救命后救人:尽可能多地将被埋者的头露出,以保存呼吸,再来救他们脱离受压物,这样可以救更多的人;⑥特殊人员优先:如果有医务人员被压埋,应优先营救,增加抢救力量。

62. 如何识别海啸前兆?

海啸是一种灾难性的海浪,通常由震源在海底下50千米以内、里氏震级6.5以上的海底地震引起。2004年12月26日,印度尼西亚、苏门答腊岛以北印度洋海域发生里氏8.5级强烈地震,并引发海啸,印度尼西亚等多个东南亚和南亚国家受波及,造成近30万人遇难。海啸时掀起的狂涛骇浪高达数十米,冲刷海岸使村庄、房屋瞬间消失,惨不忍睹。

因地震波与海啸的到达有一个时间差,当监测到海底的地震时就可以分析预警,所以海啸的预测准确性较高。除了政府或机构的预警外,沿海的人们如能识别一些海啸前兆同样有机会逃生。海啸发生的最早信号是地面强烈震动,如果感觉地面震动或听到有关附近地震的报告,要防备未来几小时内海啸发生可能。如果发现潮汐突然反常涨落,海平面显著下降或者有巨浪袭来,并且有大量的水泡冒出,人们都应以最快速度撤离岸边。

63. 海啸袭来时如何避险?

海啸前海水异常退去时往往会把鱼虾等许多海生动物留在浅滩,场面壮观,此时千万不要前去捡鱼或看热闹,而应当迅速离开海岸。

居民、游客不得因考虑财产得失而浪费逃生时间,得知海啸信息后,应立即切断电源,关闭燃气,迅速离开海岸,转移到内陆高处。疏散时避开狭窄的胡同和建筑物密集地带,尤其要尽快离开危险的建筑物,向山丘的两侧斜坡、地基结实的高地上快速转移,切勿在山涧、狭谷底停留或沿河流行走。

停在港湾的船舶和航行的海上船只要接到海啸警报,应立

即驶向深海区,不要停留在港口、回港或靠岸。

海啸波不止一次,间隔一段时间后会再次发生,人员疏散应坚持1~2个小时,切勿一次涌潮退落后即行返回岸边。

64. 海啸落水者如何脱险?

海啸破坏力很大,海啸过后,放眼望去可能尽是些家具、电器、杂物等,且船只或驶离海岸或遭受损毁,搜救条件有限,十分困难。为此,一旦落水,积极保存体力能赢得被救机会:尽量抓住木板等漂浮物,避免与其他硬物碰撞;不要举手,不要乱挣扎,尽量不要游泳,能浮在水面即可,保存体力;海水温度偏低,不要脱衣服;口渴切不可饮用海水,海水不但不解渴,反而导致脱水加快,危及生命;尽可能向其他落水者靠拢,积极互助、相互鼓励,尽力使自己易于被救援者发现。

台风

获救后,由于海水浸泡会使人体温下降,因此可将落水者尽快浸入40℃温水里恢复体温,或披上被、毯、大衣等保温;不要局部加温或按摩;可适当喝些糖水,但不要让落水者饮酒。如果受伤,立即送往医院,昏迷的落水者应按溺水者施救。

65. 什么是台风?

台风是发生在热带海洋上的巨大的空气漩涡。台风在国际上称为热带气旋,在大西洋、墨西哥湾、加勒比海和东北太平洋称为飓风。强风、暴雨、风暴潮是台风的"三斧头",台风所致的伤害主要表现为房屋倒塌、硬物击伤和跌倒。预防台风就应从防这"三斧头"着手。

66. 台风前应做好哪些特殊准备?

①了解台风相关信息,包括具体到达时间、强度等;尽早做好充分准备,包括应急箱的检查等,一切准备工作要在台风登陆12 小时前完成。

②加固门窗,将窗台上的花盆取下,固定好易移动飞落的物体,玻璃窗可用胶带粘好,防止玻璃破碎后溅到别处。不要台风来临时再去关门窗或者修房屋。

③清理排水管道,还可在家门口安放挡水板或堆砌土坎,防止室内积水。

④检查电路、炉火、煤气,确保安全。

⑤住在低洼地区和危房中的人员要转移到安全住所。

⑥台风登陆前 1~6 小时千万不要外出,尤其要确保老人小孩留在家中最安全的地方。停止露天集体活动和高空等户外危险作业。如台风前后仍身处野外,要及时转移到安全地带,小心公路塌方、大型广告牌掉落、电线杆倒地、树倒枝折等伤人。出海船舶应尽快返港避风,人员上岸,不要在河堤、海堤上停留。

67. 台风后应注意哪些安全卫生问题?

台风警报解除后,不要急于回家查看灾情。原居住地台风过后还不一定安全,水、电都可能受损,存在安全隐患,最好等有关部门检查后再返回;不接近地质灾害隐患点;不盲目开车进山;不吃可疑食物、腐败变质食物;不忘饮用水卫生;积极清理垃圾;不乱接断落电线。

68. 如何防雷击?

雷阵雨来势很急,如雷阵雨来临时正在野外劳动,应立即停止农活,不要把铁锹、锄头等带有金属的物体扛在肩上或高过头

顶,不要使自己成为周围最高的物体,找个低凹处双脚并拢蹲下,手抱住膝盖。不要躲在树下,不要使用手机或收音机等电器。待雷阵雨过后再尽快回家。如果雷阵雨时人们正好在路上,不要继续骑自行车和摩托车等,最好躲入一栋装有金属门窗或避雷针的建筑物内,也可躲进有金属车身的汽车内;室内相对安全,要关闭门窗,及时拔掉电器电源,不要站在窗户边上或在楼顶上。高大的建筑物应安装避雷防雷装置。

69. 哪些地方是防雷重点区域?

户外的大树,铁塔、烟囱等高大建筑物,室内的卫生间、楼顶等是雷击的多发区,是防雷的重点区域。

2004 年 6 月,沿海某市发生一起 17 位农民遭雷击死亡事件。当时,村民们在五棵水杉树下的临时雨棚中打牌、闲聊。突然雷电交加,高大的水杉树直接将雷电引入,加之地面积水,村民赤脚或穿拖鞋,人体成了"良好"的导电通道。

卫生间因安装的水管多含有金属,导电性强;而且很多家庭在楼顶上安装的太阳能热水器多没有连接避雷设备;有的为了采光好,甚至搭建了高的铁架,万一打雷,热水器就有可能将雷引进室内,如果此时人们正在淋浴,或接触水龙头,就可能引起触电。

70. 遇到山洪,如何逃脱?

保持冷静,尽快向山上或高处转移,如大树上、地基牢固的房顶,不能沿着行洪道方向跑。不要边跑边喊,要保存体力。

如被洪水冲走,尽可能抓住树木、树枝等固定物。发现岸边有人可进行呼救。救援人员不要轻易下水,用长绳子一头系上木块等会浮的物体后抛向水中求救者,待其抓牢后再缓缓往上拉。

冲入洪水中,人们也应积极自救。调整身体,以脚在前、头在后的仰泳方式随水流前行,遇到障碍物时用脚及时蹬一下,以避免头部的正面撞击;也可以划动手臂调整方向,避免被冲撞。尽可能自己掌控方向,往岸边靠近,趁机抓住岸边的石头、树枝等爬上岸逃险。

71. 如何防范泥石流?

泥石流往往在暴雨后突然发生,以极快的速度倾泻而下,掩埋物体,墙倒屋塌,人们如盲目逃生会很危险。因此,暴雨后,山民们要迅速转移到安全的高地,不要在山谷和河沟底部过多停留;要选择平整的高地作为临时居住地,尽可能避开有滚石和大量堆积物的山坡下面。如果听到远处山谷传来打雷般声响,这很可能是泥石流将至的征兆。发现泥石流后,要马上与泥石流成垂直方向向两边的山坡上面跑,尽量往高处跑,绝对不能顺着泥石流的方向跑。

72. 如何躲避冰雹的袭击?

冰雹往往在局部地区短时间内出现,来势猛、强度大,并常常伴随着狂风、强降水、急剧降温等阵发性灾害性天气过程。冰雹在夏季或春夏之交最为常见,可小如绿豆,也可大如鸡蛋,冰雹越大,下落到地面的速度和破坏力越大。2002 年 7 月 19 日晚某地发生冰雹,冰雹大如鸡蛋,致 18 人丧生。

冰雹来临时，尽可能躲在室内。如在室外，用雨具或其他代用品，例如竹篮、柳条筐、脸盆、水桶、木板、折叠衣被、书包等，顶在头上保护头部，迅速转移到室内。

73. 龙卷风来时人们该如何寻求出路？

龙卷风是一种强烈的、小范围的空气涡旋，呈上大下小的快速旋转的漏斗状，风力可达 12 级以上，破坏性极强。

假如龙卷风来时人们正在室内，应当尽快找低小的房间躲藏，地下室是最佳选择，其次是卫生间之类的小房间，千万不能待在楼房上。另外门窗紧闭的房屋容易被龙卷风破坏，最好打开一些窗户，但不能全打开。打开的窗户可使屋内各室气流通畅，以平衡建筑物内外的压力。

野外时，如果龙卷风正朝自己所处的方向冲过来，应果断地朝龙卷风前进方向的垂直方位跑，找个低洼处脸朝下趴在地面上，身旁有固定物的，应用手抓紧，以免被龙卷风吸进去。

假如此时正在车上，必须尽快下车找低洼处趴好，不然，龙卷风会连车带人一起"吃"了,还可能因汽车内外形成巨大的压力差,导致汽车爆炸。

74. 遇到火山喷发如何逃生?

火山爆发会产生倾泻而下的熔岩、漫山飞舞的火山灰和火山气体等。其中熔岩流威胁最小,人们只要跑出熔岩流的路线,即可逃生。火山灰有刺激性,会对肺部产生伤害。逃生时用湿布护住口鼻,最好戴上防毒面具、护目镜、帽子,穿上长衣长裤,避免火山灰中的硫磺因雨水而掉落灼伤皮肤、眼睛。到安全区后,要及时脱去衣服,彻底洗净暴露在外的皮肤,用干净水冲洗眼睛。人们还要注意大量火山灰与暴雨结合形成的泥石流,可能冲毁道路与桥梁,因此不要走峡谷路线;火山灰还可使路面打滑,撤离前应有所准备。

火山附近的居民最好能及时发现火山喷发的预警信号,发现下刺激性的酸雨、持续的隆隆声或从火山上冒出的蒸气、河流中闻到硫磺味等,提前撤离。

75. 沙尘暴时如何保健康?

沙尘暴是指强风中挟着大量的沙、尘,使空气相当混浊,能

见度低。控制沙尘暴,植树造林、地面植被都是重要的措施。

在沙尘暴天气,在家要及时关闭门窗,必要时用胶条对门窗进行密封;外出戴口罩,用纱巾蒙住头,以免沙尘侵入眼睛和呼吸道;车辆、行人慢行,远离树木和广告牌,注意交通安全。老人、儿童以及患有呼吸道过敏性疾病的人,应尽量减少出门。选购食品时要注意尽量不购买露天食品,多吃清淡食物,多喝水。

76. 雾霾天气应该怎么办?

第一,应尽量减少外出。如需外出可戴口罩,如要骑自行车外出,应尽量避开交通拥挤的高峰期以及开车多的路段,避免吸入更多的化学成分。尽量别去人多的地方,例如超市、商场,这些地方空气流通差,易造成呼吸系统疾病交叉感染。

第二,应尽量不要开窗。确实需要开窗透气的话,尽量避开早晚雾霾高峰时段,将窗户打开一条缝通风,每次通风时间以半小时至一小时为宜。

第三,应停止户外晨练。雾霾天气晨练除了可导致呼吸系统疾病外,还可导致心脑血管疾病;尤其冬季,天气寒冷可造成血管痉挛,出现血压升高、心绞痛等情况。

第四,应尽量少抽点烟。香烟在不完全燃烧的情况下会产

生很多属于 $PM_{2.5}$ 范畴的细颗粒物,严重危害抽烟者自己和周围人的身体健康。雾霾与香烟的双重攻击,会使肺不堪重负。

第五,应清淡饮食。雾霾天气宜选择清淡易消化的食物,少吃刺激性食物,多吃新鲜蔬菜和水果,可以适当补充各种维生素和无机盐。

77. 如何躲避高温天气的伤害?

高温天气容易引起中暑,老年人、婴幼儿以及患有高血压、心脏病、中风、糖尿病等疾病的人更易受高温伤害,出现原有病情加剧或突发意外的情况。

高温天气保健康,防暑降温是根本。农民朋友应尽量避开中午高温时段干活,可选择清晨或黄昏时段合理安排。户外劳动要采取必要的防晒措施,穿长衣长裤、戴宽檐的帽子、随身带块毛巾擦汗洗脸。劳动出汗后不要马上用冷水洗澡,应待身上汗水基本干后再洗。平时还要注意保证睡眠,多喝开水,绿豆汤等防暑饮品,家中常备些人丹、十滴水、清凉油等防暑药。一旦发生中暑,应将患者转移至阴凉通风处,喂服防暑药,病情严重的立即送医院治疗。

78. 雨雪冰冻天气个人如何防病?

雨雪冰冻天气,个人应做好防寒防冻、防呼吸道疾病、防意外伤害等措施。通常在又冷又湿的环境中,更容易发生冻伤,因此,不要在寒冷潮湿的环境中久待。雨雪天外出,鞋袜要穿得舒适,要防水、透气、适当宽松。为预防疾病增强抵抗力,低温天气要多晒太阳,多活动身体,搓搓手、跺跺脚,跑上几圈;居室要经常开窗通风,空调的过滤网经常清洗;注意个人卫生,经常洗手,按时吃饭,多吃新鲜的水果蔬菜;还可以接种流感疫苗等预防呼吸道传染病。

　　雨雪冰冻天里最好不要外出劳动。雪停后,及时清扫房前屋后的积雪,以防道路湿滑摔倒跌伤。

79. 冻伤如何妥当处理?

　　复温是救治基本手段。首先要脱离低温环境和冰冻物体。衣服、鞋袜等同肢体冻结者勿用火烘烤,应用温水(40℃左右)融化后脱下或剪掉。然后用38~40℃温水浸泡冻伤的手脚或浸浴全身,水温要稳定,不宜超过45℃,浸泡时间不能超过20分钟,使身体复温到肢体红润。如果冻伤发生在野外,无法进行热水浸浴,可将冻伤部位放在自己或救助者的怀中取暖,同样能起到复温的作用,使受冻部位迅速恢复血液循环。在对冻伤进行紧急处理时,绝不可将冻伤部位用雪涂擦或用火烤,这样做只能加重损伤。

80. 为何要树立防恐意识？

生物恐怖、化学恐怖，这些人为的恐怖事件在"9·11"后逐渐引起了人们的关注。恐怖活动在我们国家有吗？其实在我国，东突分子、邪教组织等总在寻求机会，尤其我国承办一些举世瞩目的大项目、大活动时，他们更是伺机而动。此外，不排除一些过激分子以极端方式威胁群众安全的可能。我国群众对恐怖活动的认知很少，一旦发生恐怖活动就可能造成持续危害。因此，人人都树立防恐意识，增强自防自救能力，才能有效保障生命财产安全。

81. 如何认识生物恐怖的常用武器——炭疽杆菌？

假如收到一个邮件或一份快递包裹，发现里面是白色粉末，你会认为是什么呢？面粉？石灰？2001年"9·11"事件之后，美国发生多起白色粉末邮包事件，截至当年年底共有20余人感染炭疽，其中5例吸入性炭疽患者死亡。小小粉末，危害之大令人诧异。其实炭疽是生物恐怖魔鬼，它毒力很强，又有极强的外界存活能力。

人感染后，会发热，皮肤上出现黑色坚硬的焦痂与不痛的溃疡等。严重的是肺炭疽,会引起咳血性痰液、呼吸困难等,病死率较高。而牛、马、羊、骆驼等动物感染炭疽病时,它们会接连死亡,且死亡牲畜的口、鼻及其他腔道开口处有血液流出。因此,当收到不明来历的白色粉末邮包时,当周围的人或动物短期内出现多例上述异常病例时,应警惕炭疽生

炭疽
杆菌

物恐怖活动的可能,速打110电话报警,让警方及时科学处理。

82. 短期内出现多只死鼠应如何处理?

短时间内出现多只死鼠,排除了正在灭鼠等原因后,应加强警惕,不要用手去拿或者接触死鼠,应及时向当地疾病预防控制中心报告。因为鼠类能传播多种传染病,如鼠疫等,可造成极大的危害。发现死鼠后,在疾病预防控制中心的指导下,应对出现死鼠的地区及周边环境进行消毒和杀虫灭鼠,对鼠类的尸体进行集中掩埋,家中应清理打扫,必要时进行消毒杀虫灭鼠处理等。

鼠疫的危害是极大的。14世纪黑死病大暴发:欧洲死去1/4到1/3人口,涉及北美和亚洲,包括中国。最近有研究认为,大暴发与1346年蒙古和意大利在卡法(现在乌克兰境内)的围城战有关。蒙古人围城久攻不下,将带有鼠疫的尸体抛进城内。城内的人处理尸体时直接传染,造成鼠疫大暴发,卡法不攻自破。

83. 灾后应重点预防的疾病有哪些?

灾后重点防范的疾病,第一就是拉肚子,像痢疾、伤寒、霍乱、病毒性肠炎、甲肝等肠道传染病都易高发;其次是与动物接触有关的危害严重的传染病,如被疯狗咬伤而感染的狂犬病,与蚊虫叮咬有关的乙脑、疟疾、登革热,与老鼠有关的鼠疫、出血热、钩体病,与蜱叮咬有关的莱姆病,与病牛等病畜接触有关的炭疽等;此外,个人卫生习惯差也会导致红眼病、皮肤癣等疾病的传播流行,灾后重建可能会导致外伤及破伤风的感染,应注意防范。

84. 为什么"大灾之后要防大疫"?

1988年5~9月,孟加拉国因洪灾全国2/3地区受淹,官方统计1842人死亡,而感染疫病者达50多万人。为何灾难前脚刚走,疫病后脚就到了呢? 原来灾难的破坏作用诱发了疫病的发生。当灾难过后,人们正常生活规律打乱,缺水缺食物,精神重创,体力透支,导致了抵抗力下降;而灾难同时又助长了病菌的繁殖,污水粪便横流,人畜尸体陈尸郊外,老鼠乱窜,蚊蝇滋生;再加上医疗卫生设施的破坏等,都使瘟疫扑向人类。大灾之后无大疫也不是没有可能,我国1998年洪灾、2008年汶川地震都撰写了灾后无大疫的神话。实践证明,灾后无大疫关键在于防范措施的早落实、全覆盖、全民的总动员,因此,每个人都应当有灾后防疫病的意识。

85. 灾后应注意哪些卫生问题？

　　灾后应积极开展自救与家园重建,为预防疾病,应注意环境卫生、食品卫生、饮用水卫生、个人卫生、居住卫生等,并将自己知道的卫生知识告诉家人朋友邻居,出现不舒服时及时就医。

86. 灾后应如何选择食品?

灾后食物供应可能会出现暂时困难,能选择的食品十分有限,但此时人体抵抗力下降,饮食不当很容易生病,所以慎选食品非常必要。灾后要做到"八不吃":不吃被洪水浸泡过的腐败食品;不吃发霉的大米、小麦、玉米、花生等粮食;不吃淹死、死因不明的家畜家禽;不吃野蘑菇、蟾蜍、发芽土豆等自身带毒的食品;不吃非专用食品容器包装、无明确食品标志以及过期的食品;不吃隔夜饭菜;不吃生的、半生的凉拌食品;不吃来源不明的食品。

87. 灾后应如何加工食品?

灾后应尽可能选新鲜、洁净、烧熟煮透的食物,安全又有营养。加工前,用洁净的水清洗瓜果、碗筷等;加工生熟食物所用的刀具、砧板、存放用具等应分开,每次用后清洗,晾干存放;饭菜应烧熟煮透,防蝇防鼠防蟑螂等。患有痢疾、伤寒、肝炎(甲肝、戊肝)及其带菌(毒)者,伤口化脓、皮肤感染以及不明原因咳嗽、咳痰的人不要参与食品的加工制作。

88. 灾后如何寻找安全饮用水？

灾后水源与供水管网可能会遭到严重破坏，人们不得不寻找其他安全饮用水。找水源一要安全，二要方便。由于环境的变化，有的河水、湖水、溪水、塘水即使看起来很干净，也可能含有大量的病菌、寄生虫卵，吃了会生病。最稳妥的办法是请求当地疾控机构对饮用水进行检测，选择安全的饮用水。井水，尤其是深井水，通常受污染少，常被作为首选的新水源，其次是河水、湖水等。选定水源后，别忘了咨询当地疾控机构如何消毒与保护。不要忽视饮用水安全，因为灾区传染病一旦通过水进行传播，往往会导致很多人生病。

经化验这口井水未受污染，可以使用

89. 灾后如何保护临时水源？

灾后要对选定的新水源加强防护。清除其周围50米以内的厕所、粪坑、垃圾堆以及尸体等污染源，设立水源保护的标志牌，建立水源保护制度。如果是井水，水井要有不透水的井壁、井台，要有井盖、公用水桶，禁止在井旁清洗脏物和喂饮牲畜。如果是江河水、水库水，取水点方圆100米内严禁捕捞，禁止船只停靠,禁止游泳、洗澡,避免家禽家畜的污染。上游不能排放工业废水和生活污水。江河沿岸不堆放垃圾、废渣、有毒有害物质。

90. 灾后井水如何清理消毒?

　　水井如果曾受污水污染,最好先清理再消毒,确保消毒效果。具体程序:抽干井水→掏清底部淤泥→清水冲洗井壁井底→再抽出井水→水位恢复正常,每立方米井水投入漂白粉

100~200 克, 充分搅匀, 浸泡 12~24 小时→再抽干井水→待水位再次恢复到正常时, 按有效氯 1.5~7.5 毫克 / 升投加漂白粉, 充分搅动后静置 30 分钟→测余氯达 0.7 毫克 / 升→可以使用。灾期井水最好每日消毒。为减少烦琐的消毒工作, 也可以用竹筒、塑料袋等做简易消毒器, 先将其戳数孔, 再装入消毒剂后封口, 相当于 20~30 倍 1 次井水消毒的漂白

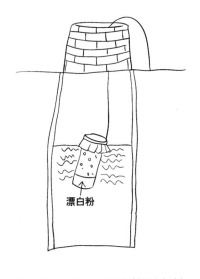

漂白粉

粉用量, 一端系上绳子, 悬浮于井内, 借打水时的振荡使漂白粉慢慢地从容器的小孔中缓缓流出。一次放入, 可维持消毒 2 周, 期间定期测量井水中的余氯量。如果水井清理消毒有困难, 最好取水后放入水缸中消毒。

91. 灾后取河水塘水作饮用水时如何消毒?

取水上岸后, 装入大水缸或水桶等容器中, 混浊的水需要先沉淀后消毒, 可按每担水 (50 千克) 加明矾 5~7.5 克使水澄清。人们还可就地取材, 取仙人掌一块, 用小刀切几个小口, 再拍打几下, 然后放入浑水中搅动, 看见棉絮样的物体出现时停止搅动, 静止几分钟, 水就会变清。按有效氯 1.5~7.5 毫克 / 升计算漂白粉或漂白精片用量, 需先将漂白精片捣碎或用漂白粉, 放入脸盆中, 加少量水调成糊状, 再加适量水混合, 并静置 0.5~1 小时, 取上清液倒入缸中, 搅拌混匀, 30 分钟后如余氯达到 0.7 毫克 / 升方可使用。

92. 漂白粉使用应注意哪些问题?

漂白粉、漂白精片遇高温、亮光、潮湿会失效,应阴凉、避光、干燥保存。稀释后的消毒液不稳定,有效氯挥发快,应用前临时配制,配制后一次使用或尽快用完。

漂白粉或漂白精片对人体皮肤有一定的刺激性,对金属有腐蚀性,对衣服有褪色作用,接触后应立即清洗,可选用塑料或玻璃容器盛装。

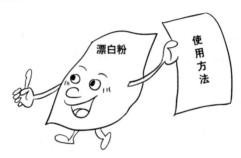

93. 灾后环境应注意哪些卫生问题?

灾后环境卫生重点应做好住所卫生、污物处理、人畜尸体处理、害虫处理等,以重建舒适卫生安全的生存环境。

94. 临时居所建设中应注意哪些卫生问题?

①选址:临时居所一般选在安全、地势较高、干燥、背风、向阳和用水方便的地点。地震时绝对不能建在断裂带上,如计划构建板式房,则板式方向应与断裂带走向垂直,提高抗震力。②平整与排水:地面最好有轻微的坡度,填平坑洼,清除杂草,排除积水,四周挖上排水沟,尽可能使地面干燥一些,必要时还可以洒些石灰吸湿。③建舍:就地取材选用轻质材料,搭帐篷、盖

草房、建简易板房等,棚子顶上不要压砖头、石块或其他重物,以防余震或狂风暴雨时倒塌伤人。尽量用钢丝床或用木板、门板垫高作床铺,最好不要直接睡在地面上。④临时厕所:应设在住所的下风向 30 米以外,远离河流,避开水源。⑤防蚊、防虫、防鼠:采用有组织的统一喷药和发动群众扑打等方法消灭蚊、蝇。在住所内应注意个人卫生和集体卫生,不要随地大、小便,周围环境要经常清扫和保持清洁。

95. 灾区如何处理粪便、垃圾?

灾区粪便、垃圾处理极为重要,管理不好就会污染水源,滋生蚊蝇,传播疾病。

没有可用的厕所时可选择牢固的缸、桶作粪池;也可挖坑,坑深 1.5 米,口长 1.5 米,窄口,坑周围或底部用塑料膜衬里,加盖,四周挖排水沟,厕所外围可用草帘、塑料膜、编织袋等围挡。当粪便接近便池容积的 2/3 时,应及时清运或加土回填覆盖,另建厕所,四周挖排水沟以防雨水冲刷。如果是传染病患者的粪便应按稀便量的 1/5 加入漂白粉消毒,作用 2 小时;干便加入 2 倍量的 10% 漂白粉上清液,搅拌均匀,作用 4 小时。呕吐物按稀便处理。

生活垃圾:垃圾和脏物应集中倒入临时垃圾坑及污水坑,定期喷洒杀虫剂。将垃圾及时运出,选地势高的地方进行堆肥处理,用塑料薄膜覆盖,四周挖排水沟,用药物喷雾消毒杀虫,控制蝇虫滋生。

96. 灾区如何灭蚊、灭蝇？

灾后环境改变为苍蝇蚊子提供了极为优越的生存条件,再加上温度适宜,蚊蝇会大量繁殖而威胁群众安全,如何才能有效地杀灭蚊蝇呢? 牢记 2 句口诀:

"蚊子无水不繁殖":灭蚊的根本是蚊幼无处滋生,要将家庭内外各种容器积水清除,倒扣盆罐,清除废旧轮胎、敞口管道中的积水,清除居住附近的杂草,疏通沟渠加快水流速度,让蚊子无法繁殖。消灭蚊子还可用蚊香等毒杀。

"卫生做好不见蝇":苍蝇繁殖能力很强,搞好环境卫生,才能铲除苍蝇滋生地。不随地大小便;垃圾污物应及时填埋或清运;食物应加防蝇罩保存。消灭成蝇,可用蝇拍击打或用粘蝇纸;也可用杀虫剂拌在加糖的米饭或臭鱼烂菜中诱杀,但要湿润,以增强毒效。消灭蝇蛆最简便的方法是用杀虫剂定期喷洒。

97. 灾区如何灭鼠？

灾害期间受灾群众往往集中居住,鼠类也会相对集中,从而增加了鼠传染疾病发生的可能。灭鼠是灾后防病的重要措施之一。最常采用的是器械灭鼠,如用老鼠夹、老鼠笼、粘鼠板等,放在老鼠可能出现的跑道上,每3~6米设置一个,在室内角落处安5~10个;每日上午检查一次,及时取走死鼠或更换捕鼠工具。如鼠密度很高时,广泛动员群众,可用灭鼠药毒杀老鼠。室内每15平方米投放毒饵1~2堆,每堆15~20克左右;室外沿墙脚投放,每隔5~10米投放1堆,注意放隔板以防水防潮。经常观察,发现毒饵少了就及时添回去,保留时间不少于15天;在投药3天后,检查有无死鼠,对死鼠作深埋处理。此外,注意粮食的保存,及时清除居住区的垃圾,将门窗的洞与缝隙封死,排水沟用防鼠铁栅、地漏加盖等,这些措施都会促使老鼠数量下降。

98. 灾区如何灭跳蚤?

跳蚤叮人吸血引起瘙痒,还能传播鼠疫、地方性斑疹伤寒、恙虫病等疾病。灾后发现跳蚤增多后要采取积极措施进行防治。首先要消灭跳蚤的滋生地:搞好家庭卫生,每天清理垃圾,保持地面和墙角的清洁,清除尘土,使跳蚤没有地方藏身和繁殖。其次要用各种方法杀灭跳蚤:可直接用火焰烧地面,还可用药物,如三氟氯氰菊酯(功夫)、溴氰菊酯、毒死蜱(乐斯本)等,以杀死跳蚤的成虫、卵、若虫和蛹。最后还要杀灭猫、狗等宠物身上的跳蚤:最好不要在家中养宠物,如果要养,应经常给宠物洗澡,保证其干净。

待着别乱跑,你身上的跳蚤也要灭!

99. 灾后应注意哪些个人卫生问题?

喝开水、吃熟食;

勤洗手、勤洗澡;

勤通风、晒衣被;

防虫咬、不适及时看医生。

100. 灾后应注意哪些肠道传染病?

灾后常见的肠道传染病有:感染性腹泻、甲型肝炎、戊型肝炎、细菌性痢疾、伤寒、副伤寒、霍乱以及各种肠道寄生虫病(如蛔虫病、绦虫病、蛲虫病、姜片虫病)等。这类传染病主要通过水、食物和接触传播,也会通过昆虫进行传播。

101. 如何预防肠道传染病?

肠道传染病多以腹泻、腹痛、恶心、呕吐等为主要表现。霍乱患者拉肚子很严重,一天可以十多次,拉水样便,往往会造成患者的快速脱水,如果得不到及时医治可能会危及生命。伤寒副伤寒患者病程长,不规范处理可能会导致肠出血、肠穿孔等严重并发症,而且这些疾病都有传染性。灾区条件有限,环境恶劣,群众更应注意喝开水、吃熟食、勤洗手,把好病从口入关。如有拉肚子,不要自己盲目乱服药,应及时到医院检查治疗,别延误。

102. 灾后应注意哪些呼吸道传染病?

灾后常见的呼吸道传染病有:流感、麻疹、水痘、风疹、流脑、流行性腮腺炎、肺结核等。这类疾病主要通过飞沫和空气传播,也会因接触共用物品而传染,传播速度快,容易导致流行。

103. 预防呼吸道传染病的关键措施有哪些?

预防呼吸道传染病关键是要:保持良好的个人及环境卫生;开窗通风,保持室内空气新鲜;勤洗手;多喝开水,不喝酒,不抽烟;避免过度疲劳;少去人群密集场所等。为预防传染病的发生,可到当地医疗机构接种流感、麻疹等疫苗。

如果有发热、咳嗽等症状,应及时到医院检查治疗。当感染呼吸道传染病时,应主动与健康人隔离,尽量不要去公共场所,外出应戴口罩;不要自行购买和服用某些药品,不要滥用抗生素;结核病必须到当地指定诊治场所,接受免费检查和抗结核药物治疗。患者用过的餐具等要及时清洗消毒。

104. 禽流感流行期间,要特别注意哪些预防措施?

①不接触、不食用病(死)禽、畜肉,不购买无检疫证明的鲜、活、冻禽畜及其产品。

②改变禽类消费习惯,购买经过检疫的新鲜、冰冻、净膛的禽类,不散养禽类,尽量避免私自宰杀活禽,如果必须处理,应戴好口罩、手套,加强个人防护。

③生禽、畜肉和鸡蛋等一定要烧熟煮透。

④在食品加工、食用过程中,一定要做到生熟分开,避免交叉污染,处理生禽、畜肉的案板,刀具和容器等不能用于熟食。

⑤保持手部卫生,常洗手,在制作食品之前、制作之中以及制作之后,餐前便后,处理生禽畜肉和生鸡蛋后等均要洗手。

105. 灾后如何预防急性出血性结膜炎?

急性出血性结膜炎,俗称红眼病,灾后卫生条件较差,红眼病易多发。受传染后,眼睛出现眼红、流泪、怕光、眼部分泌物增多、痒、眼睛内有异物感等,影响群众的灾后自救活动。预防红眼病,要注意个人卫生:不与他人共用毛巾、手帕、脸盆等物品,经常洗手,保持手的清洁,不要用手揉擦眼睛等。一旦得了红眼病应及时治疗,以免传给其他人。

毛巾分开用

106. 灾后如何预防皮炎?

皮炎主要有接触性皮炎、过敏性皮炎等。灾后水源等被污染会导致皮炎的发生。皮炎蔓延迅速,皮肤发红、灼热、疼痛,出现水疱甚至糜烂,严重危害灾区人民的身心健康。

灾后要避免接触污水,不与他人共用衣物、鞋袜、毛巾等,防止交叉感染。出现皮炎者要少吃辛辣食品,不喝酒,少用肥皂清洗皮肤,用过的衣物、毛巾等要用开水烫洗、晒干,并及时就诊。

107. 灾后如何预防血吸虫病?

灾区如果是血吸虫病流行区,抗灾人员与村民都应加强血吸虫病的防护。①尽量避免接触有血吸虫尾蚴的疫水,若必须接触疫水则应做好个体防护,如穿高筒胶鞋或防护衣裤,涂搽二丁酯防护药;无法防护或防护不到位时,需在接触疫水后口服青蒿琥酯、蒿甲醚等药物预防。②饮用水一定要消毒,保证饮用水安全并管好粪便,对粪便进行无害化处理,不要随地大小便。③若接触疫水后出现发热、畏寒、咳嗽、腹胀、腹痛、腹泻、肝脏肿大和肝区疼痛等症状,应尽快到血防站(疾病预防控制中心)或当地医院检查治疗。

108. 灾后如何预防钩端螺旋体病?

钩端螺旋体病简称钩体病,在我国分布很广泛,人和多种动物如老鼠、猪、狗、牛等都可感染。人和受感染动物的尿液中含有钩体,尿液污染河流等水体后,人接触被污染的水就可能感染,因此钩体病在暴雨、洪灾后更易流行。患钩体病的人常有发热、头痛、全身乏力、肌肉酸痛、淋巴结肿大、红眼睛等表现,严重时出现肺、心、肾、脑等损害,病死率较高。

钩体病重在预防。在洪水、暴雨发生时,不要在水中捕鱼、游泳、玩水、洗衣物等,必须下水时宜穿高帮胶靴、戴手套,保护皮肤不受钩体侵袭。重点地区重点人群还可打钩体疫苗进行预防。平时,大家应管理好粪便,不让畜尿直接流入附近的阴沟、池塘、河流、稻田;粪便在堆肥发酵后使用;消灭老鼠等。

109. 灾后如何预防出血热?

流行性出血热是由病毒引起,以鼠类为主要传染源,以发烧、"三痛"(头痛、腰痛、眼眶痛)、"三红"(面部、颈部、前胸部充血潮红)及急性肾脏损害为主要表现的疾病。病毒能通过呼吸道、消化道、直接接触、母婴等多途径传播,人与人之间的传播较少发生。

在灾区接种疫苗是预防流行性出血热最经济、最有效的手段。此外应积极防鼠、灭鼠;剩饭菜充分加热后食用,食具用前应煮沸消毒等;室内外垃圾及时清理,保持环境卫生。该病病情进展快而凶险,倘若出现不明原因的发热或被老鼠咬伤,应及时就医,不可延误。

110. 灾后应注意哪些虫媒传染病?

灾后常见的虫媒传染病有:疟疾、流行性乙型脑炎(简称乙脑)、登革热、斑疹伤寒、莱姆病、无形体病、恙虫病等,这些传染

病要通过蚊子、跳蚤、蜱虫、恙螨等节肢动物叮咬才会感染人。

111. 怎样预防乙型脑炎、疟疾、登革热等蚊子传播的疾病？

乙脑、疟疾、登革热通过蚊子叮咬而传染。在灾区，人们居住拥挤、环境杂乱等原因均会造成这类传染病的暴发流行，预防应主要采取灭蚊、防蚊和预防接种等综合措施。在受灾群众聚居区和部队宿营地，要及时清扫卫生死角，疏通下水道，喷洒杀虫药水，消除各类积水，降低蚊虫密度。要做好个人防护，避免被蚊虫叮咬，如挂蚊帐防蚊；露宿或夜间野外施工时，尽量穿长袖衣裤，暴露的皮肤涂抹防蚊油，或者使用驱蚊药等。出现发热、皮疹等症状，要尽早就医，对传染病患者早发现、早隔离、早治疗，以免疫情扩大。

112. 蜱虫叮咬会发生哪些常见疾病？

蜱，俗称"草爬子"，主要蛰伏在浅山丘陵的草丛、植物上，或寄宿于牲畜等动物皮毛间。不吸血时，只有干瘪绿豆般大小，也有极细如米粒的；吸饱血液后，有饱满的黄豆大小，大的可达指甲盖大。

蜱叮咬吸血，可在体表停留一至数日，开始叮咬时不觉疼痛,叮咬后24~48小时后局部出现不同程度的炎症反应,轻者局部仅有红斑,重者瘀点周围有明显的水肿性红斑或丘疹、水疱,时间稍久可出现坚硬的结节,抓破后形成溃疡,结节可持续数月甚至数年不愈。有的蜱在叮咬人的同时可将能麻痹神经的毒素注入人体内,引起"蜱瘫痪症",最后可因呼吸麻痹而死亡。特别多见于儿童,国外报道较多。还有不少蜱可引起"蜱咬热",在蜱吸血后1~2天后患者出现畏寒、发热、头晕、头痛、恶心、呕吐等全身症状。蜱虫还是莱姆病、无形体病等人畜共患病的传播媒介。会引起皮肤红斑、关节疼痛、出血等症状,易误诊。

113. 如何预防蜱传疾病?

由于蜱分布广泛,不仅山区、半山区有蜱,平原地区,甚至是城市草坪等都会有蜱滋生,因此进入有蜱地区,尤其是山区林地等建议穿浅色长袖衣裤,长袜长靴,戴防护帽。外露部位要涂布驱避剂,离开时应相互检查。

家里养的宠物,如狗、猫等要定期清理其体表寄生的蜱,可以采取用药物体表涂抹杀蜱或在其皮肤表面人工摘蜱的方式清理,以防其将蜱带到家中而再叮咬人。

蜱常附着在人体的头皮、腰部、腋窝、腹股沟及脚踝下方等部位。若发现被蜱叮咬,可用小镊子紧贴住皮肤部位夹住蜱的头部,小心地将蜱取下,也可用氯仿、乙醚、煤油、甘油等滴盖蜱体,使其口器退出皮肤再轻轻取下。取下的蜱不要用手捻碎,以防感染。如蜱的口器残留在皮内,可用针挑出并涂上酒精或碘酒。

114. 发生群体性不明原因疾病时该怎么办?

群体性不明原因疾病具有临床表现相似性、发病人群聚集性、流行病学关联性、健康损害严重性的特点。这类疾病可能是传染病(包括新发传染病)、中毒或其他未知因素引起的疾病。当发现有群体性不明原因疾病时,应第一时间向当地卫生院或疾控中心等部门报告,并在相关业务部门的指导下做好个人防护等应急措施,同时也要积极配合政府部门落实相关防控措施。千万不要听信谣言,采取一些不科学的防护和治疗措施,更不能编制或转发不真实、不准确的信息,造成公众的恐慌。

115. 灾后易发生哪些心理卫生问题?

有研究表明,重大灾害后精神障碍的发生率为 10%~20%,一般性心理应激障碍则更为普遍。灾难的突发性、高危害性、持久影响性等,常远远超出个人及团体的应付能力,需要有外界的帮助与支持以走出阴影。受灾的人们可能会在情绪上出现恐惧、迷茫、悲伤、内疚、愤怒、失望和思念等反应,比如有的人可能经常会在脑海中闪现灾难的画面、声音、离去亲人的影子等,有的会悲痛欲绝、失去安全感等。受心理的影响,人们可能无法入睡,吃不下饭,坐立不安,孤立无援,神经过敏等,甚至还会采取酗酒、吸烟、药物依赖等不良行为。

面对大灾大难,这些反应大多属于正常,慢慢会得到缓解。但如果这些心理反应过于强烈或持续存在,严重影响了个人的工作和生活,则需要引起注意,积极治疗。

116. 个人如何调整灾后心理?

处于心理危机中的人得到有效帮助,就能增强应付危机的能力,不仅可防止危机的进一步发展,还可以学会新的应对技巧,使心理平衡恢复到甚至超过危机前的功能水平。因此,如何调整灾后心理尤为重要。

减压力:个人应避免、减少或调整压力,近期少安排些事务给自己,一次处理一件事情。

少刺激:少接触刺激的讯息,降低紧张度,适当地寻求专业心理人员协助,并可在医师建议下服用抗焦虑剂或助眠药。

不孤单:不要孤立自己,要多和朋友、亲戚、邻居、同事或心理辅导团体的成员保持联系,和他们谈谈感受。

吃点助眠药,调整心态

多准备:多一点准备可让自己多一份安心,准备好应急物品,熟悉逃生路线等。

规律生活:包括规律地运动、饮食、作息等,并学习放松技巧,如听音乐、打坐、练瑜伽、打太极拳等。

117. 如何调整灾后抑郁状态?

抑郁是灾后较普遍的一种情绪反应,极度悲伤的人容易进入抑郁状态,有的因害怕灾害再次来临,有的因失去亲友而强烈悲痛等,继而失去了对生活的热情,冷漠待人处事。抑郁的人易哭泣、悲伤、失望、活动能力减退、思考问题反应迟缓。他们会"神经过敏",别人的一句不经意的话都会让他们很难受很自责,感到极度失落或无助,甚至会产生自杀冲动、自杀行为。

抑郁的人需要自行对心态进行积极调整,不然负面情绪的影响会越来越深。告诉自己,能躲过灾难活着就是十分幸运的,应该继续好好活着,珍爱生命;向家人或朋友把情绪、想法说出来,要让别人理解、帮助自己,发泄是减轻痛苦的重要途径

之一；不要勉强自己遗忘痛苦，伤痛会停留一段时间，是正常的现象；保证睡眠与休息，如果睡不好可以做一些放松和锻炼的活动；保证基本饮食，多吃些能促使自己开心起来的食物，如香蕉、樱桃、菠菜、南瓜等；如果感觉自己很难走出心理阴影，那么主动寻求心理医师的帮助，不要因有所顾虑而逃避治疗。

118. 常用防灾避险紧急电话有哪些？

　　报警电话　　110

　　火警电话　　119

　　交通事故报警电话　　122

　　急救医疗电话　　120

　　拨打这 4 个电话，不用拨区号并免收电话费。公安机关110、119、122 报警服务已实行"三台合一"。

119. 为何要学会认识安全标志？

　　安全标志是向工作人员警示工作场所或周围环境的危险状况，指导人们采取合理行为的标志。安全标志能够提醒大家预防危险,从而避免事故发生;当危险发生时,能够指示人们尽快逃离,或者指示人们采取正确、有效、得力的措施,对危害加以遏制。因此,学会认识常用的安全标志,对保护自身生命安全是十分有用的。

120. 国家规定安全标志分为几类?

根据《安全标志及其使用导则》(GB 2894—2008),国家规定了4类传递安全信息的安全标志:

一是禁止标志,是禁止人们不安全行为的图形标志,基本形式是带斜杠的圆边框;

二是警告标志,是提醒人们对周围环境引起注意,以避免发生危险的图形标志,基本形式是正三角形边框;

三是指令标志,是强制人们必须做出某种动作或采用防范措施的图形标志,基本形式是圆形边框;

四是提示标志,是向人们提供某种信息(如标明安全设施或场所等)的图形标志,其基本形式是正方形边框。

禁止吸烟　　　注意安全　　　必须戴防尘口罩　　　避险处

后记

为农民朋友编写防灾避险科普读本的念头,始于一份台风意外伤害的调查结论:"台风的伤害高峰在台风前而不是台风时。"调查结果看上去很简单,但却让许多人感到诧异。群众中还有多少应急观点、应急措施是错误的,但却在广为传播、实施的呢?

我国是世界上自然灾害最为严重的国家之一,灾害种类多,发生频率高。灾害的发生,事发突然,很难预知,而且一旦发生,伤亡往往很重。但是,实践证明,灾害是可以预防或减轻的。只要我们提高警惕,在灾害来临前及时应对,面对灾害时规范防护,在灾害结束后科学防病,就可以大大降低其造成的伤害。防灾避险的技术有别于高血压等慢性疾病的预防,瞬时性、严重性、突变性,都要求应急应当果断、准确。因此,必须要让更多的老百姓认识危险、防范危险! 在灾难与意外面前,假如你懂得一些自救、互救的知识,也许危险就会擦肩而过……

随着我国城市化建设的加速发展,发生各种潜在灾害的因素也在不断增多。本修订本延续了第1版易于接受、理解的问答形式,并在原来的100问基础上调整为120问,新增了一些近年来新发生的意外伤害以及灾后防病等内容,注重指导性和针对性,力求120个问题,个个有实在内容,题题让农民朋友看后有所感悟,学以致用。插图绘制也花了很大的工夫,力求直观、无歧义,帮助读者阅读理解。希望本书能够对广大农民朋友加强安全意识,提高应急自救能力有所帮助。

由于水平、时间等限制,虽然我们在此读本中倾注了大量心血,但错误之处在所难免,敬请相关专家和读者批评指正,以臻完善。

编者

2018 年 3 月

08栏